邛崃山系的杜鹃花

主编　李仁贵　蔡水花　黄金燕　李德生

四川科学技术出版社

图书在版编目（CIP）数据

邛崃山系的杜鹃花 / 李仁贵等主编. —成都：四川科学技术出版社, 2021.9
ISBN 978-7-5727-0320-1

Ⅰ.①邛… Ⅱ.①李… Ⅲ.①杜鹃花属—介绍—邛崃 Ⅳ.①S685.21

中国版本图书馆CIP数据核字(2021)第196202号

邛崃山系的杜鹃花

QIONGLAISHANXI DE DUJUANHUA

主　　编　李仁贵　蔡水花　黄金燕　李德生
出 品 人　程佳月
责任编辑　胡小华
责任出版　欧晓春
出版发行　四川科学技术出版社
成都市槐树街2号　邮政编码：610031
官方微博：http://e.weibo.com/sckjcbs
官方微信公众号：sckjcbs
传真：028-87734035
成品尺寸　210mm×285mm
印　　张　19　字数　380千
印　　刷　四川川林印刷有限公司
版　　次　2021年12月第一版
印　　次　2021年12月第一次印刷
定　　价　128.00元
书　　号　ISBN 978-7-5727-0320-1

《邛崃山系的杜鹃花》

编委会

主　　编：李仁贵　　蔡水花　　黄金燕　　李德生

编　　委：魏荣平　　耿玉英　　王　飞　　刘　巅
张　超　　刘明冲　　朱大海　　谢　浩
张明春　　周世强

摄　　影：谢　浩　　王　飞　　朱大海　　刘　巅
蔡水花　　张　超　　刘明冲　　魏荣平
赵志龙　　肖　飚　　黄金燕　　张明春
李仁贵

编著单位：中国大熊猫保护研究中心

序

—— ○ 马文宝 ——

素有“东方阿尔卑斯山”之称的四姑娘山因其雄峻奇异的山峰，鬼斧神工的地貌被世人所熟知，但说起邛崃山系恐怕了解的人就不是很多了。近日有幸受编写组邀请，为《邛崃山系的杜鹃花》作序，甚感荣幸，激动之余，难免惶恐，自知才疏学浅，难以胜任。但凭对高山杜鹃花的一片狂热之情，勉强为之。

邛崃山系以四姑娘山为首，包含有夹金山、巴朗山、西岭雪山、青城山等众多名山，同时，邛崃山系还是横断山山系东缘最重要的组成部分之一。川、滇、藏所在的横断山区以及东喜马拉雅地区是现代杜鹃花属植物的分布中心和多度中心，80%以上的国产杜鹃花物种都分布于此。该区域位于我国第二、第三阶梯海拔相对较高的区域，而邛崃山系东部边缘与四川盆地接壤，天全、宝兴、邛崃、崇州、大邑、都江堰等不仅是川西高原与盆地的过渡地区，同时也是高山杜鹃向东部低海拔区域演化的重要廊道地带。

邛崃山系东部还是“华西雨屏带”核心区域，高山杜鹃花在该区域的自然分布逐渐向低海拔区域过渡，比如岷江杜鹃花、反边杜鹃花、毛肋杜鹃花、宝兴杜鹃花和长蕊杜鹃花等，其自然分布可低至海拔1 000米左右，进入亚热带常绿阔叶林中。这些杜鹃花耐热性和适应能力相对较强，是低海拔地区杜鹃花新品种选育、园林景观应用和满足人民日益增长的美好生活需要的优质资源。

目前，针对邛崃山系杜鹃花属植物的系统研究尚属罕见，本书以邛崃山系的杜鹃花属植物为目标物种，进行了大量的野外实地考察，采集了丰富的杜鹃花标本，拍摄了大量精美的杜鹃花图片。书中以图示例，较为详细、准确地介绍了杜鹃花分类中的专业名词，在每个物种的介绍中，不仅有生境、植株、花序和单花的图片，还应用大量翔实的解剖图片将杜鹃花的鉴定特征展现得细致入微。这对杜鹃花专业研究人员、大专院校学生以及园林植物和旅游爱好者来讲，都是非常难得的学习资料，使得该书具有非常重要的参考价值。

《邛崃山系的杜鹃花》的问世，是让人欣喜的，无疑能吸引更多读者加入到杜鹃花爱好者的行列，为我国的杜鹃花事业添砖加瓦。

前言

杜鹃花是中国被子植物中生物多样性非常丰富的类群，邛崃山系是其分布较多的山系之一。在邛崃山系连绵起伏的群山之中，杜鹃花是植物界里分外夺目的存在。它们有的扎根于河流两岸的悬崖峭壁之上，有的点缀在丛林的层层枝干之间，有的群聚于高山灌丛的广袤大地之上，还有的傲立于山巅的风雨雪雾之下。无论杜鹃花生活在哪一种生境之中，只要花开，就如满天繁星点亮夜空一般，让整个环境流光溢彩。

由于杜鹃花种类繁多、形态变化多样、生境类型多变、海拔分布范围较广、野外杂交频繁等因素，除了对杜鹃花有专门研究的人员以外，其余人很难准确识别野生杜鹃花，而往往用“羊角花”一词囊括所有杜鹃花。国内最权威的杜鹃花专业著作《中国植物志》（第五十七卷，第一、二分册）和《中国杜鹃花属植物》告诉我们，鉴别杜鹃花种类除了看枝干、叶片、花和果实等形态性状，其上的附属结构（毛和鳞片）也十分重要。然而，对杜鹃花初学者乃至普通大众来说，很难将杜鹃花的专业描述（比如绒毛、杯状毛等）和看到的杜鹃花对应起来。为了让更多的人了解和认识杜鹃花，2015—2017年间，经过多次在邛崃山系进行野外调查，我们拍摄了各种杜鹃花不同部位的照片，以期让大家看图文即可快速识别杜鹃花。

本书描述了73种（包括亚种和变种）杜鹃花的的主要特征，每种杜鹃花附上景观和识别特征（叶片、幼枝、花萼、花冠、雄蕊和雌蕊以及它们上面的鳞片、毛或斑点）的彩色图片，读者可将看到的杜鹃花与书中的文字和照片对应起来，进而快速识别出杜鹃花种类。本书记载的调查发现地是指野外调查过程中发现该种杜鹃花的地方，但该种杜鹃花分布并不仅限于这些地方。如未写明小地名，则指该种杜鹃花广布于所列县市。另外，书中展示的“花部标尺照”所用的蓝色带小方格底板，每一个小方格的长宽均为1厘米。

本书得到了川港卧龙自然保护区持续合作督导委员会、四川省大熊猫保护基金会、四川卧龙国家级自然保护区给予的资金支持。

本书凝聚了集体的劳动和智慧。在这里一并感谢中国科学院植物研究所杜鹃花专家耿玉英老师（已退休）亲赴都江堰鉴定杜鹃花标本，并对书籍的内容和排版提出了指导性意见；感谢华西亚高山植物园的张超、王飞以及龙溪虹口国家级自然保护区的朱大海，他们在野外考察中指导如何辨别野生杜鹃花，后期又对杜鹃花标本鉴定和书籍内容修改提供了宝贵建议；感谢宝兴县夹金山建设投资有限公司董事长、总经理陈守廷（夹金山林业局原局长），都江堰市龙溪虹口国家级自然保护区的赵志龙（原局长），四川卧龙国家级自然保护区资源管理局的刘世才局长和三江保护站的谭迎春站长、张亮等，小金县发展和改革局党组书记、局长庞万美（林业局纪检组原组长），唐伟等，宝兴县蜂桶寨国家级自然保护区的李贵仁和王明华等，大邑县黑水河自然保护区的韦燎，崇州鞍子河自然保护区的周红林等对野外杜鹃花调查工作的支持和帮助；感谢川港卧龙自然保护区持续合作督导委员会的王树峰、冯睿曦、李莹等人在项目执行过程中提供的各项帮助；感谢中国大熊猫保护研究中心的领导和同事对杜鹃花野外调查工作和图书出版工作给予的帮助和支持；感谢四川省林业科学研究院马文宝老师对杜鹃花标本鉴定和书籍内容修改提出的宝贵建议及为本书写序。

由于野外考察和编写时间较短，编著者业务水平有限，书中难免有不妥和不足之处，敬请各位读者批评指正。

编 者

2021年12月

目 录

CONTENTS

邛崃山系概况

邛崃山系是指横断山区域内位于四川盆地都江堰市到天全县一线以西，介于岷江河谷与大渡河河谷之间山地的总称；行政区域上包括汶川县、四川汶川卧龙特别行政区（四川卧龙国家级自然保护区）、理县、小金县、马尔康市、宝兴县、芦山县、天全县、邛崃市、崇州市、大邑县等县（市、区）及都江堰市、荥经县、泸定县与康定市的邛崃山系部分。邛崃山系是岷江和大渡河的分水岭，山脉南北走向，长约250千米，是四川盆地和青藏高原的地理界线和农业界线及天然地理屏障，主峰为位于小金县、理县和卧龙自然保护区交界处附近的四姑娘山。四姑娘山为四川省第二高峰，海拔达6 250米，主要山峰从北向南包括海拔5 551米的霸王山、5 072米的巴朗山、垭口4 114米的夹金山（主峰尖子山5 472米）和3 437米的二郎山等；水系由岷江、大渡河及其支流组成；山体岩石由花岗岩、玄武岩和石灰岩等组成。

邛崃山系为横断山的一部分，位于横断山脉东缘，地势起伏剧烈，高差大，西北高东南低，对来自东部的气流起阻滞作用，是中亚热带季风气候向大陆性高原气候的过渡地区。东坡植被茂密，雨量充沛，气候潮湿多雨，素有“华西雨屏”之称，而西坡植被稀疏，云少雾散，气候干燥。

根据横断山区种子植物特有种的丰富程度及一些自然地理特征，邛崃山系植物区系在中国植物区系分区中属于中国—喜马拉雅植物亚区的川西北甘西南青东南小区。自然植被带垂直分布明显，山地植被垂直带谱完整：海拔1 600米以下为基带植被——亚热带常绿阔叶林，以樟科、山毛榉科和山茶科植物为主；海拔1 600~2 000米为常绿与落叶阔叶混交林，以桦树、槭树、栎树等占优势；海拔2 000~2 600米为针阔混交林，有铁杉、云杉、落叶松和华山松等针叶树种和桦、槭、杨等阔叶树种；海拔2 600~3 600米为亚高山针叶林，主要为岷江冷杉和四川红杉；海拔3 600~4 400米为高山灌丛草甸，以杜鹃和川滇高山栎为主；海拔4 400米以上为流石滩和终年积雪地带，以凤毛菊、红景天、虎耳草和雪茶等为主。

邛崃山系海拔较高、地处纬度较低，蕴育了丰富的动植物资源。区内盛产红杉、红豆杉等珍贵树种；出产贝母、天麻、冬虫夏草等名贵药材；同时还分布有水青树、连香树、独叶草、珙桐等珍稀濒危植物。区内除了有大熊猫、川金丝猴、羚牛等多种珍稀兽类，还分布有鸟类2 300余种。

参考文献

1. 张泽钧，胡锦矗，吴华. 邛崃山系大熊猫和小熊猫生境选择的比较[J]. 兽类学报，2002，22（3）：161-162.

2. 韩宗先，魏辅文，张泽钧，等. 蜂桶寨自然保护区小熊猫对生境的选择[J]. 兽类学报，2004，24（3）：185-192.

3. 杨青，冉江洪，张顺林，等. 四川邛崃山系小熊猫分布[J]. 动物学研究，2008，29（5）：546-552.

4. 董冰楠. 邛崃山系大熊猫生境选择及栖息地干扰时空变化研究[D]. 南充：西华师范大学，2017.

邛崃山系杜鹃花形态特征

邛崃山系杜鹃花是指分布于邛崃山系的杜鹃花科（Ericaceae）杜鹃花亚科（Rhododendroideae Drude）杜鹃花属（*Rhododendron* Linnaeus.）植物。杜鹃花属植物具有以下一些基本形态特征：

1. 植株通常为灌木或乔木，有时矮小成垫状，地生或附生，生长高度从几厘米至10余米甚至达20~30米。

乔木

小灌木

灌木

附生于树上

垫状灌木

附生于石壁之上

2.叶片大小从长度不足1厘米至长达40~50厘米，最长可达70厘米。叶片的形状多变，有椭圆形、长圆形、披针形、倒披针形、长披针形、卵圆形、倒卵圆形、卵形、倒卵形、圆形等。

窄倒披针形

倒披针形

披针形

椭圆状披针形

长圆状披针形

宽椭圆形

椭圆形

近圆形

线形

卵形

椭圆状卵形

卵圆形

长圆形

3. 花序有顶生、顶生和腋生或腋生花序，单花序含花数量从1花至多花不等。

花序混生

花序腋生

花序顶生，单花

花序顶生1~3花

花序顶生，3~5花

花序顶生，6~10花

花序顶生，10~20花

花序顶生，20多花

4. 单花结构包括花梗、花萼、花瓣、花丝、花药、子房和花柱，某些种类在花瓣上还会出现斑点、斑块、蜜腺囊等特征。

5.花萼的形态、大小和颜色及被毛（鳞）在不同的亚属（组、亚组、种）有一定的区别，大小从不明显至长达2厘米以上，形态有波状、环状、杯状、漏斗状、钟状等。

6.花冠的形态多变，有管状、辐状、钟状、漏斗状、高脚碟状等，其花色也丰富多样，有暗红、血红、粉红、黄色、紫蓝、深紫、浅紫、粉白、白色等，整齐或略两侧对称，5(~6~8)裂。

钟形

钟形

斜钟形

阔钟形

管状钟形

阔漏斗状钟形

阔漏斗形

管状漏斗形

漏斗形

高脚碟形

漏斗状钟形

管状

7. 雄蕊数量通常为花冠裂片或胎座数的倍数，以10（5）数为主，通常10，少至5，多至15~20(~27)，花丝有毛或无。

雄蕊5

雄蕊10

雄蕊14

雄蕊14以上

花丝无毛

花丝基部被毛

8. 子房和花柱被鳞片、毛，或无；花柱宿存，细长、直立或稍弯曲，稀极度弯曲呈弓状。

子房被鳞片，
花柱直立，
光滑

子房被鳞片，
花柱极度弓状，
光滑

子房被鳞片，
花柱直立，
基部被毛

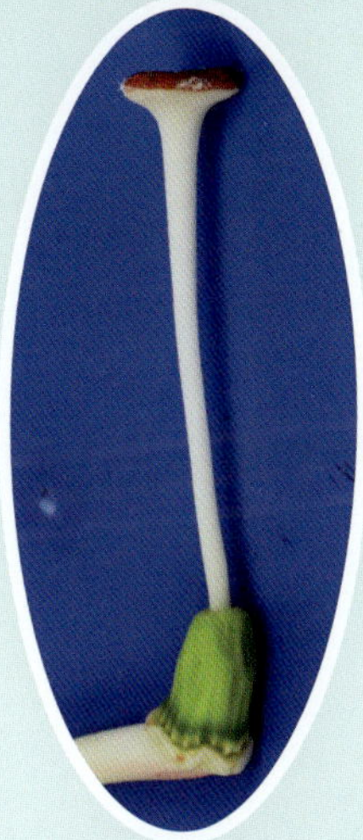
子房无毛，
花柱直立，
光滑

子房被腺体，
花柱弯曲，
通体被腺体

子房无毛，圆柱形

子房无毛，圆锥形

子房被鳞片

子房被有柄腺体

子房被有柄腺体

子房被绒毛

子房被腺头刚毛

子房被糙伏毛

邛崃山系杜鹃花属植物分类

本书接受Cullen（1980）关于有鳞类群的修订和Kron（1990）将Sleumer马银花亚属的4组提升为4亚属的修订，故中国杜鹃花分为7个亚属。在本次邛崃山系野生杜鹃花调查中，一共拍摄到73种（包括亚种和变种）正值花期的杜鹃花，分别属于3个亚属：杜鹃花亚属 subgen. Rhododendron、常绿杜鹃花亚属 subgen. Hymenanthes（Blume）K. Koch和长蕊杜鹃花亚属 subgen. Choniastrum（Franch）Drude，这3个亚属可以通过以下一些特征进行区分：

杜　鹃　花　属

- 植株无鳞，被各式毛被或无毛。
  - 花序芽顶生，或有时在顶生芽下面再生腋生芽。**常绿杜鹃亚属**
  - 花序芽腋生，通常生前一年枝的上部叶腋。**长蕊杜鹃花亚属**
- 植株有鳞，或被鳞和毛。**杜鹃花亚属**

杜鹃花亚属

subgen. Rhododendron

邛崃山系杜鹃花亚属植物通常为常绿（稀落叶或半落叶）的小型至中型灌木；稀较大型。植株包括小枝、叶、花各部及果都多少有鳞，鳞脱落或宿存。果瓣有时质薄，开裂后扭曲或反卷。种子具鳍状窄翅或两端具长尾状附属物。

杜鹃花亚属

本书杜鹃花亚属包括杜鹃花组 sect. Rhododendron 和髯花杜鹃组 sect. Pogonanthum G. Don。这两个杜鹃花组可以通过以下一些特征进行区分：

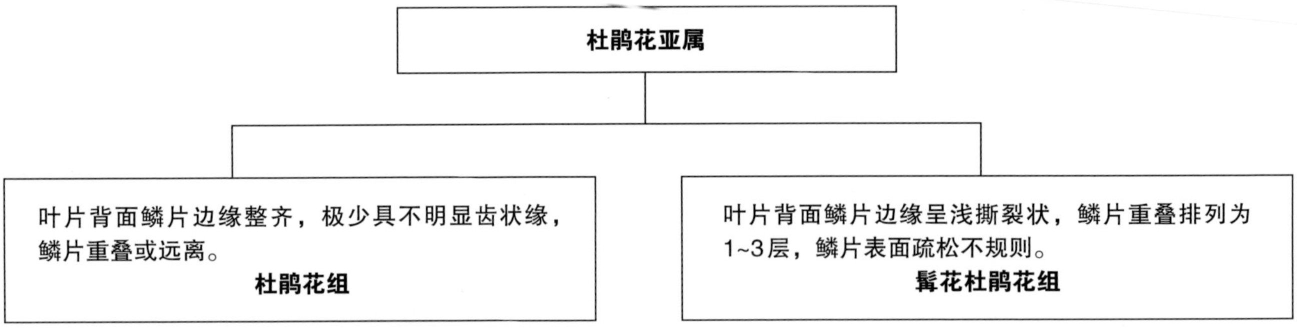

杜鹃花组 sect. Rhododendron

杜鹃花组植物为小至大灌木或小乔木，通常常绿，少有半落叶，有些种类附生。花序顶生，或同时有2~3个侧生花芽出自枝顶叶腋；花萼短小成檐状或裂片发达成叶状；花冠漏斗状、钟状或筒状；花柱细长劲直或短而强度弯弓，洁净或基部被鳞片或短柔毛。

本书杜鹃花组包括6个亚组：川西杜鹃花亚组 subsect. Moupinensia Sleumer、高山杜鹃花亚组 subsect. Lapponica（Balf. f.）Sleumer、亮鳞杜鹃花亚组 subsect. Heliolepida（Hutch.）Sleumer、怒江杜鹃花亚组 subsect. Saluenensia（Hutch.）Sleumer、三花杜鹃花亚组 subsect. Triflora（Hutch.）Sleumer 和腋花杜鹃花亚组 subsect. Rhodobotry（Sleumer）Geng，可以通过以下分亚组检索流程图进行区分：

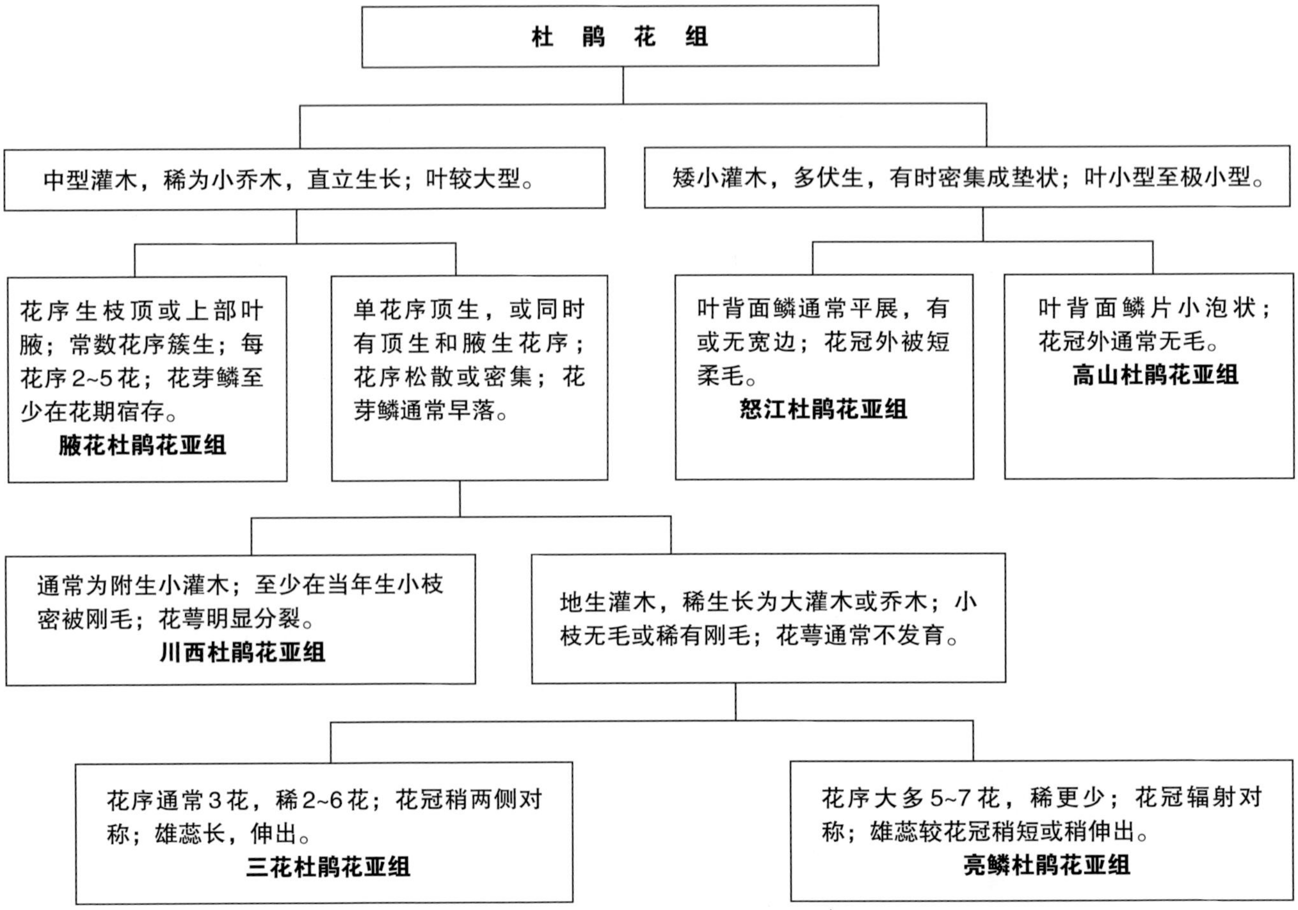

川西杜鹃花亚组
subsect. Moupinensia Sleumer

常绿小灌木，通常附生。幼枝有鳞片，密生或疏生刚毛，老枝宿存刚毛或无毛。叶革质，边缘反卷，多少有缘毛；叶背面密被相互重叠至相距为其直径的鳞片；叶表面初密被鳞，变无鳞；叶柄被鳞，无毛至密生刚毛。花序顶生，1~3花。花萼发育，5裂，裂片外面被鳞，内面有时被柔毛，无缘毛。花冠白色，淡红或玫红，外面无鳞片，内面有或无深色斑块。雄蕊10，花丝下部被毛。子房密被鳞片，花柱无毛或基部有短柔毛。蒴果长圆形或椭圆形，被鳞，种子有翅或有鳍状物。

川西杜鹃花亚组分种检索流程图

本书本亚组包括2种杜鹃花，可以通过以下特征进行区分：

川西杜鹃花亚组

叶片较大型，宽1.5~2.5厘米； 花柱伸出； 花冠长3~4.5厘米； 通常白色或白色带粉色。 **宝兴杜鹃花**	叶片较小型，宽0.4~1厘米； 花柱较花冠短； 花冠长1.5~2.5厘米； 蔷薇红色、粉红色、粉紫色。 **树生杜鹃花**

宝兴杜鹃花重瓣花

宝兴杜鹃花

川西杜鹃花亚组 subsect. Moupinensia

Rhododendron moupinense **Franch.**

植株： 常绿小灌木，有时附生，高1~1.5米。

叶： 叶片长2~4（~6）厘米，宽1.2~2.5（~4）厘米；叶表面除中脉近叶基部被褐色短硬毛外，其余无毛，叶背面略灰白色，密被褐色鳞片，鳞片小，略不等大，相距为其直径或相互邻接。

花： 花序有1~2花；花萼下部连合，外面被鳞片，具缘毛；花冠宽漏斗状，长约4厘米，白色或带淡红色，内有红色斑点，基部被柔毛，外面洁净；花丝下部有开展的白色柔毛，子房密被鳞片；花期4~5月。

分布： 产于四川，本次调查发现地为宝兴县黄店子沟、蚂蝗沟和瓦斯沟以及汶川县三江镇。

考察中发现三江镇有一个宝兴杜鹃花重瓣花小种群，与模式标本相比，花期晚7~10天，雄蕊多数（20个以上）无定数，花丝1/2~2/3处瓣化成花瓣状，花药药隔伸长成喙状，雌蕊消失。

叶背面鳞片

叶表面

幼枝

花萼

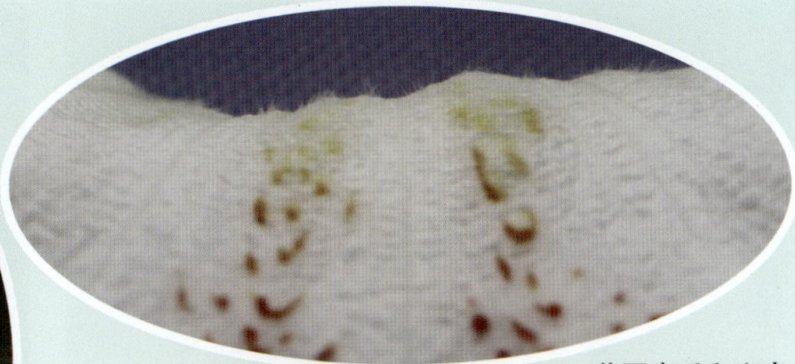

花冠内毛和斑点

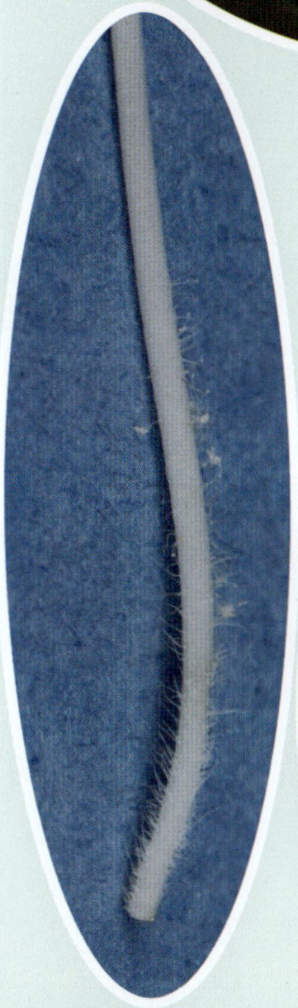

花丝基部毛

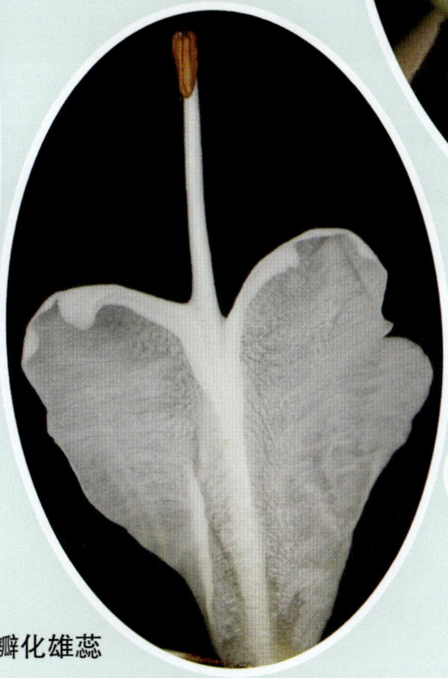

瓣化雄蕊

子房

花药和柱头

宝兴杜鹃花重瓣花花部标尺照

树生杜鹃花

川西杜鹃花亚组 subsect. Moupinensia

Rhododendron dendrocharis **Franch.**

植株：常绿小灌木，通常附生于云杉、铁杉、阔叶树上，有时也生林下及苔藓覆盖的岩石表面或悬崖，高1~1.5米。

叶：叶片长0.9~1.8厘米，宽0.3~1厘米，叶表面幼时有褐色刚毛，后脱落，叶背面密被鳞片，鳞片小，稍不等大，褐色，相距为其直径，叶缘多少被毛。

花：花序有1或2花；花萼长2~3毫米，外面疏生鳞片，边缘有长缘毛；花冠宽漏斗状，长1.5~2.5厘米，鲜玫瑰红色，外面无鳞片，无毛，内面筒部有短柔毛，上部有深红色斑点；花丝中部以下密被短柔毛，子房密被鳞片，花柱细长，劲直或弯弓状，短于花冠，短于或略长于雄蕊，基部密生短柔毛或无；花期4~6月。

分布：产于四川，本次调查发现地为汶川县天台山和宝兴县瓦斯沟、蚂蝗沟。

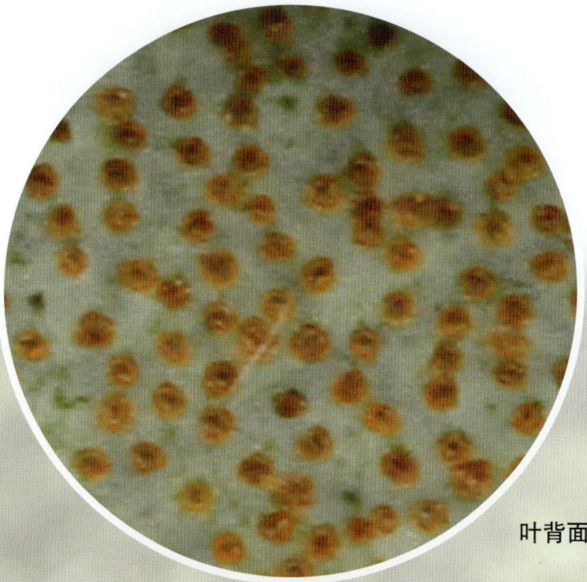

叶背面鳞片

花苞

幼枝

花萼和花柱

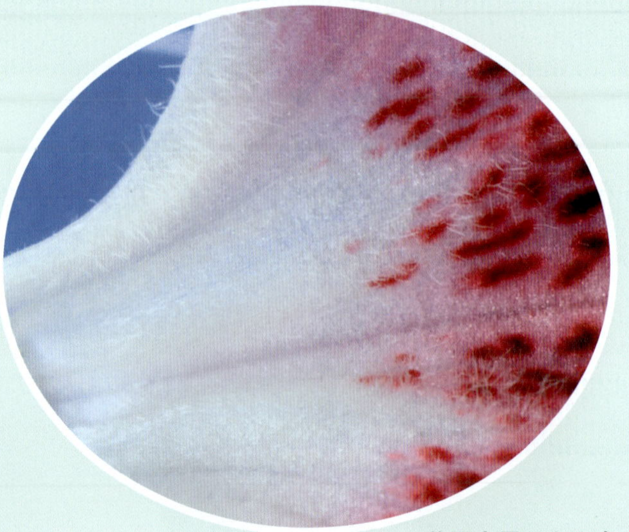

花冠内柔毛和斑点

雄蕊

子房

花部标尺照

三花杜鹃花亚组
subsect. Triflora（Hutch. ）Sleumer

常绿，稀半落叶至落叶；幼枝被鳞片，稀被微柔毛、短柔毛或刚毛。叶通常革质，新生叶两面被鳞片，成熟叶表面鳞和毛残存或完全脱落；有时仅沿下凹的中脉宿存毛；叶背面被疏、密及大、小不等的鳞片，鳞相互重叠、邻接至相距为其直径的6~8倍。花序顶生或同时枝顶叶腋生，2~6花，通常3花；花萼不发育，外面密被鳞；花冠漏斗状、宽漏斗状或漏斗状钟形，略两侧对称，外面有或无鳞片，稀有毛。雄蕊10，花丝下部通常有毛。子房密被鳞片，通常无毛，稀有柔毛，花柱无毛或极罕在基部散生毛。蒴果通常长圆形或长圆状卵球形，密被鳞，种子无翅。

本书本亚组包含11种（亚种/变种）杜鹃花。

三花杜鹃花亚组分种检索流程图

三花杜鹃花亚组

叶两面多少有毛，至少叶下面沿中脉明显被短柔毛或细硬毛，上面沿中脉有微柔毛。

幼枝、叶柄、叶上面、花冠筒外及子房或有微柔毛、短柔毛或无毛，不被刚毛。叶下面沿中脉下半部密被柔毛。
毛肋杜鹃花

幼枝、叶柄、叶上面、花冠筒外及子房被刚毛。
长毛杜鹃花

叶通常卵形、椭圆形，基部钝圆，稀宽楔形，下面灰绿色或褐色，鳞片近等大、扁平、一色；花萼边缘被鳞片，有缘毛或无；花冠外被鳞片，稀无鳞片。
秀雅杜鹃花

花萼短小，但通常发育成不等的5裂，较长者可达4~6毫米。

叶下面鳞片密生，相距为其直径或不及或相邻接，稀为其直径的2倍。

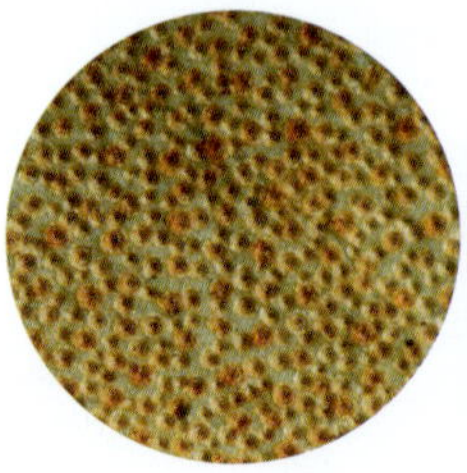
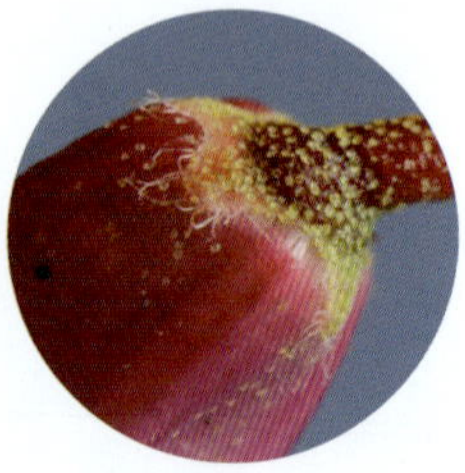

叶通常披针形或长圆状披针形，基部渐狭，稀钝形，下面灰绿色，有深色、散生的大鳞片；花萼有长缘毛；花冠外无鳞片或筒部散生鳞片。
绿点杜鹃花

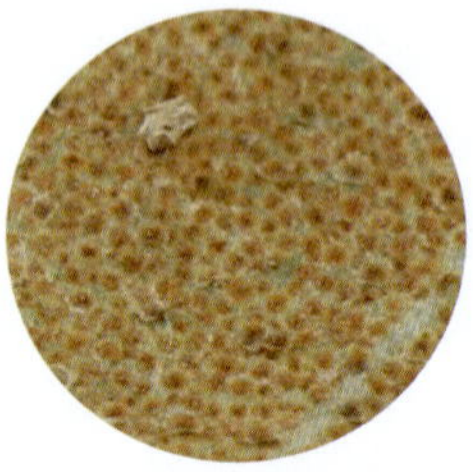

花萼短小，通常不发育，环状或波状5裂，长0.5~2毫米。

叶基部楔形渐狭至钝圆。

叶片较宽，椭圆形或椭圆状披针形，长3~7（~11）厘米，宽1.2~3.5厘米；叶下鳞片为其直径的1/2~1（~2）倍，腺状，锈褐色。
锈叶杜鹃花

叶片较狭长，长圆形或长圆状披针形，长4.5~11厘米，宽1.5~3厘米；叶下鳞片彼此邻接或覆瓦状，稀相距为其直径之半，薄片状，灰褐色。
多鳞杜鹃花

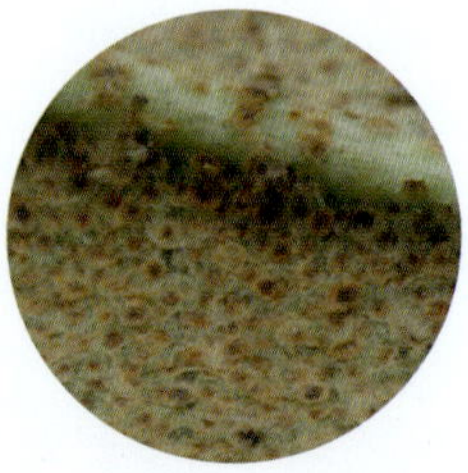

叶两面无毛，至多叶上面沿中脉有微柔毛。

花冠白色、淡红或紫色，不为黄色。

花冠黄色、乳黄色或淡绿色。

叶下面鳞片密生，相距为其直径或小于直径近于邻接；叶片顶端锐尖、钝形或渐尖；花冠外无毛，或有微柔毛或短柔毛。
问客杜鹃花

叶下面鳞片疏生，相距为其直径的0.5~6倍；叶片顶端长渐尖或近尾尖；花冠外密被短柔毛。
黄花杜鹃花

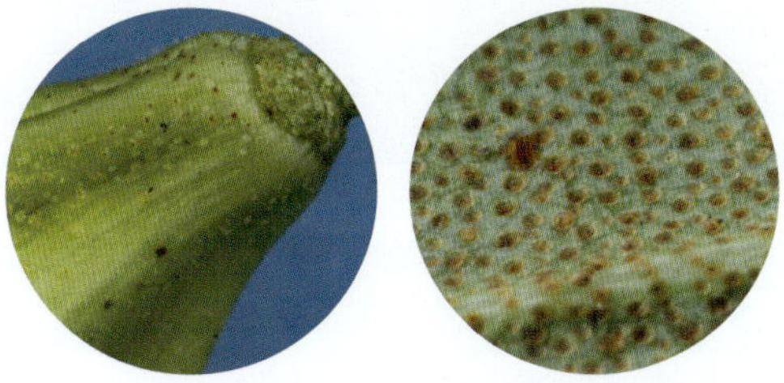

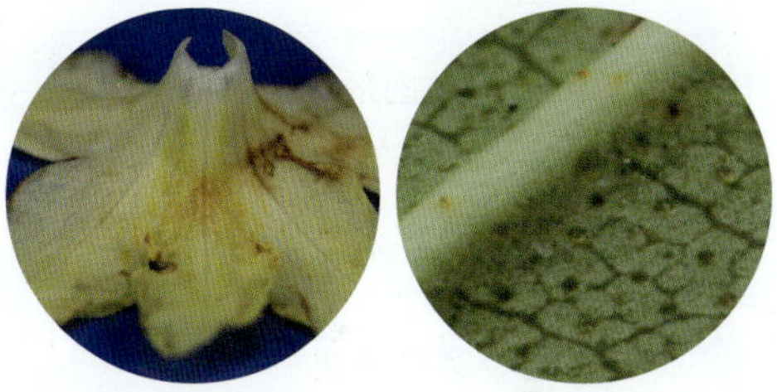

叶上面从中脉至叶缘通常形成V形凹；叶下面鳞片或疏或密，相距为其直径或4倍或邻接；叶上面、边缘及叶柄无毛。
凹叶杜鹃花

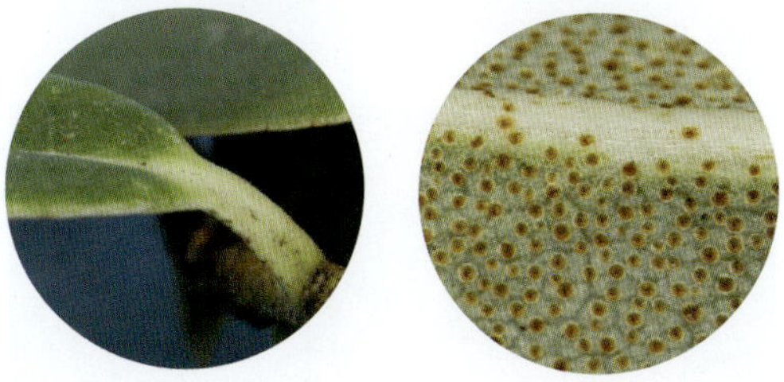

叶基部钝圆至宽楔形。

叶柄或上述各部不被毛；淡紫、淡红或深紫红色，长1.8~3厘米。
山育杜鹃花

叶柄明显有刚毛；幼枝、花梗或萼片边缘有或无刚毛；花冠紫色或深红紫色，长3~4厘米。
紫花杜鹃花

长毛杜鹃花

三花杜鹃花亚组 subsect. Triflora

***Rhododendron trichanthum* Rehd.**

植株：灌木，高1~3米；幼枝密生刚毛及短柔毛。

叶：叶片长4~11厘米，宽1.5~3.5厘米；叶表面疏生鳞片，初密被毛，毛部分脱落至变无毛；叶背面鳞片不等大，黄褐色，相距为其直径的1~4倍，被细刚毛和短柔毛，中脉上尤密。

花：花序有2~3花；花萼长0.5~2毫米，有鳞片，背面和边缘密被柔毛；花冠宽漏斗状，长2.5~3.5厘米，浅紫、蔷薇红色或白色，外面有鳞片，筒部有刚毛；花丝下部密被短柔毛，子房密被鳞片和毛，花柱细长，伸出花冠外，洁净，稀基部有微毛；花期5~6月。

分布：产于四川，本次调查发现地为天全县喇叭河自然保护区。

叶背面鳞片和毛

叶表面毛

幼枝

花萼和花冠外鳞片和毛

雄蕊

幼果

花部标尺照

毛肋杜鹃花

三花杜鹃花亚组 subsect. Triflora

Rhododendron augustinii Hemsl.

植株： 灌木，高1~3米；幼枝被鳞片，密被柔毛或长硬毛。

叶片： 叶长3~10厘米，宽1~4厘米；叶表面疏生或密被鳞片或无鳞片，或疏或密被短柔毛，通常于中脉毛更密，叶背面密被不等大的鳞片，相距为其直径或1~5倍或小于直径，沿中脉主要在下半部密被黄白色柔毛，毛被通常延伸至叶柄，其余部分无毛。

花： 花序有2~6花；花萼密被毛或近无毛，通常有缘毛；花冠宽漏斗状，淡紫色 或白色，外面疏生或密生腺鳞或无，通常无毛或近基部被短柔毛；花丝下部密被长柔毛，子房密被鳞片，花柱近基部被柔毛或无毛；花期4~5月。

分布： 产于四川，本次调查发现地为汶川县、小金县、宝兴县和天全县等。

叶表面鳞片和毛

叶背面鳞片和毛

叶柄

花萼

花冠内毛和斑点

花丝基部毛

子房

花部标尺照

黄花杜鹃花

三花杜鹃花亚组 subsect. *Triflora*

Rhododendron lutescens **Franch.**

植株：灌木，高1~3米。

叶：叶片长4~9厘米，宽1.5~2.5厘米，叶表面疏生鳞片，叶背面鳞片黄色或褐色，相距为其直径的0.5~6倍。

花：花序有1~3花；花萼不发育，长0.5~1毫米，密被鳞片，无缘毛或偶有缘毛；花冠宽漏斗状，长2~4厘米，黄色，外面疏生鳞片，密被短柔毛；花丝下部被柔毛，子房密被鳞片，花柱仅基部被短毛或无毛；花期3~5月。

分布：产于四川，本次调查发现地为汶川县、小金县、宝兴县和天全县。

叶表面鳞片

叶背面鳞片

幼枝和叶芽

花萼

雄蕊

子房

花部标尺照

问客杜鹃花

三花杜鹃花亚组 subsect. Triflora

***Rhododendron ambiguum* Hemsl.**

植株： 常绿灌木，高1~3米。

叶： 叶片长4~8厘米，宽1.5~3厘米，叶表面被鳞片，幼叶中脉被毛或无毛，叶背面被灰绿色，被黄褐色或褐色鳞片，鳞片不等大，相距为其直径或小于直径。

花： 花序有3~4花；花萼长0.5~1毫米，环状或波状浅裂，被鳞片；花冠宽漏斗状，黄色、淡黄色或淡绿黄色，内面有黄绿色斑点和微柔毛，外面被鳞片；花丝下部密被短柔毛，子房密被鳞片，花柱伸出花冠外，洁净；花期4~6月。

分布： 产于四川，本次调查发现地为汶川县野牛沟和宝兴县夹金山。

叶背面鳞片

叶表面鳞片和毛

幼枝

花萼

花冠内柔毛

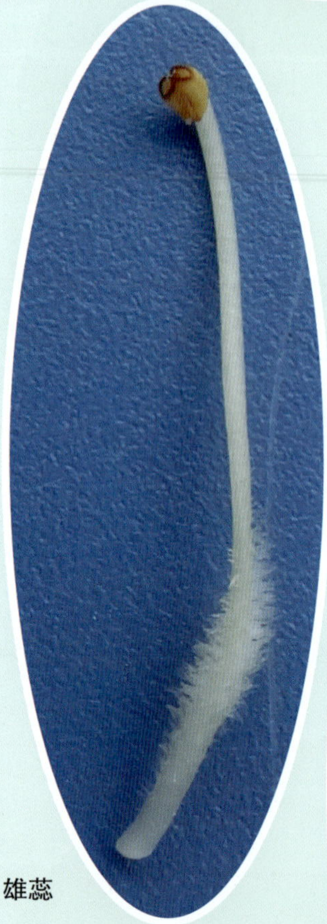

雄蕊

子房

花部标尺照

凹叶杜鹃花

三花杜鹃花亚组 subsect. Triflora

Rhododendron davidsonianum **Rehd. et Wils.**

植株：灌木，高1~3米；幼枝被鳞片，无毛或有微柔毛。

叶：叶片长2.5~8厘米，宽1~3厘米，叶表面暗绿或鲜绿，疏生鳞片，无毛或沿中脉有微毛，叶背面密被褐色、黄褐色或淡褐色鳞片，鳞片不等大，相距为其直径1~2倍。

花：花序有3~6花；花萼不发育，长0.5~1毫米，被鳞片，无缘毛或有缘毛；花冠宽漏斗状，长2.5~4.5厘米，淡紫白色或玫瑰红色，内面有红色、黄色或褐黄色斑点，外面多少被鳞片；花丝下部有短柔毛，子房密被鳞片；花期4~5月。

分布：产于四川，本次调查发现地为小金县双桥沟和天全县二郎山。

叶背面鳞片

叶表面鳞片

幼枝

花萼

花冠内毛和斑点

花丝基部毛

子房

花部标尺照

秀雅杜鹃花

三花杜鹃花亚组 subsect. *Triflora*

Rhododendron concinnum **Hemsl.**

植株：灌木，高1~3米。

叶：叶片长2.5~8厘米，宽1.5~3.5厘米，叶表面或多或少被鳞片，沿中脉被微柔毛或具被毛痕迹，叶背面粉绿或褐色，密被鳞片，鳞片略不等大，具阔边，相距为其直径的0.5~2倍。

花：花序有2~5花；花萼不明显，外面被鳞，无缘毛或有缘毛；花冠宽漏斗状，紫红色、淡紫或深紫色，内面有或无褐红色斑点，外面或多或少被鳞片或无鳞片，管内无毛或至基部疏被短柔毛；花丝下部被疏柔毛，子房密被鳞片；花期4~6月。

分布：产于陕西、河南、湖北、四川、贵州、云南，本次调查发现地为汶川县、小金县、宝兴县，天全县。

叶背面鳞片

叶表面鳞片和毛

幼枝

花萼

花冠内柔毛

雄蕊

子房

柱头

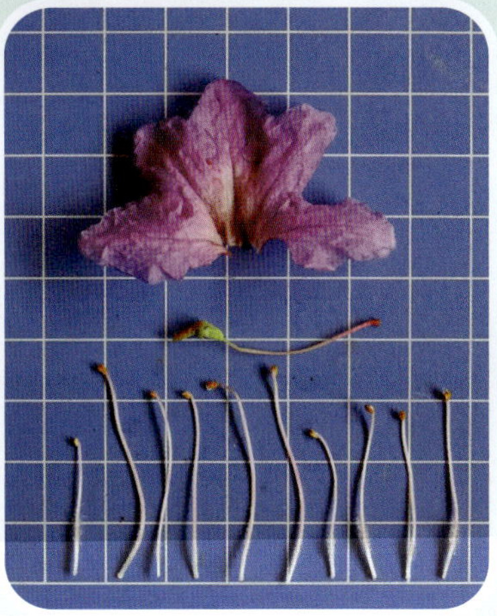

花部标尺照

绿点杜鹃花

三花杜鹃花亚组 subsect. Triflora

Rhododendron searsiae **Rehd.**

植株：灌木，高1.5~2.5米。

叶：叶片长2~8厘米，宽1~3厘米，叶表面疏生鳞片，中脉有微柔毛或无毛，叶背面灰绿色或淡绿色，密被不等大鳞片，黄褐色，相距为其直径或直径之半，深色者较大型，疏离，浅色鳞小型，密集。

花：花序有4~8花；花萼不明显或发育，不等长，长0.5~4毫米，通常有2片较长，有长缘毛；花冠阔漏斗状钟形，淡红紫色，内面有深色斑点，外面无鳞片或筒部有鳞片；花丝下部密被短柔毛，子房密被鳞片；花期5~6月。

分布：产于四川，本次调查发现地为宝兴县嘎日沟。

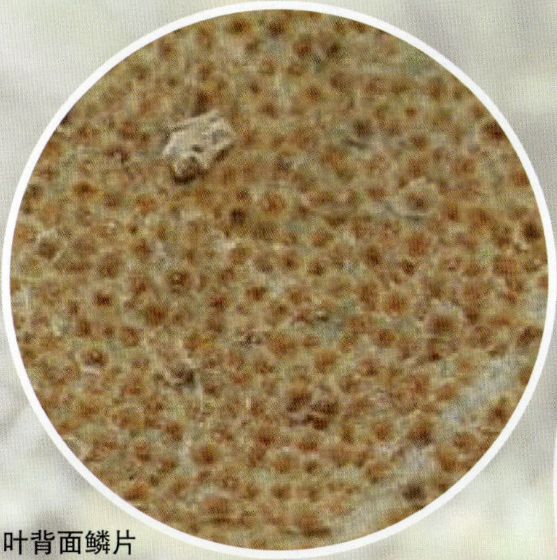

叶背面鳞片

幼枝

叶芽鳞和幼叶

花萼和花冠外鳞片

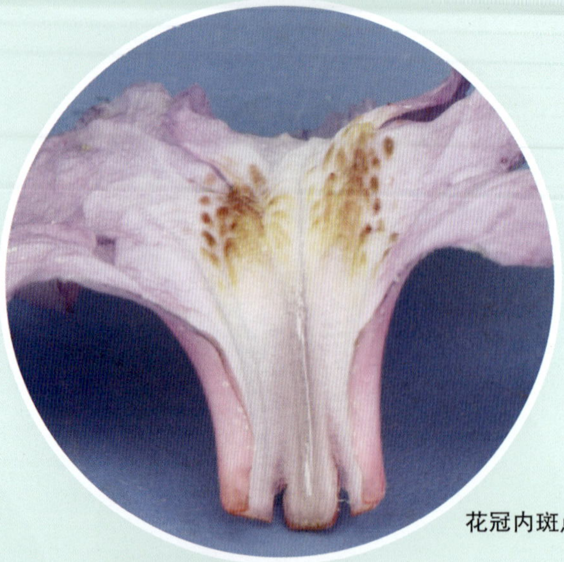

花冠内斑点

雄蕊

子房

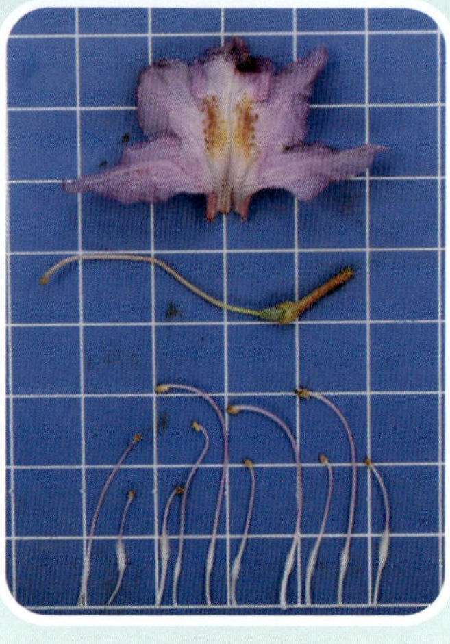

花部标尺照

紫花杜鹃花

三花杜鹃花亚组 subsect. Triflora

***Rhododendron amesiae* Rehd. et Wils.**

植株：灌木，高1~2米。幼枝密被腺体状鳞片，通常被细刚毛。

叶：叶片长3~8厘米，宽1.5~3.5厘米，叶表面暗绿色，有疏鳞片，沿中脉有短柔毛，叶背面淡绿色，密被鳞片，鳞片不等大，黄褐色或褐色，相距为其直径的0.5~1倍。

花：花序有2~5花；花萼长0.5~1毫米，裂片不明显，密被鳞片，有或无缘毛；花冠宽漏斗状钟形，紫色或深红紫色，内面有深色斑点，外面疏生鳞片，无毛或花冠筒部有柔毛；花丝下部被短柔毛，子房密被鳞片；花期5~6月。

分布：产于四川，本次调查发现地为小金县双桥沟。

叶背面鳞片

叶表面鳞片和毛

叶柄上刚毛

幼枝上鳞片和刚毛

花萼

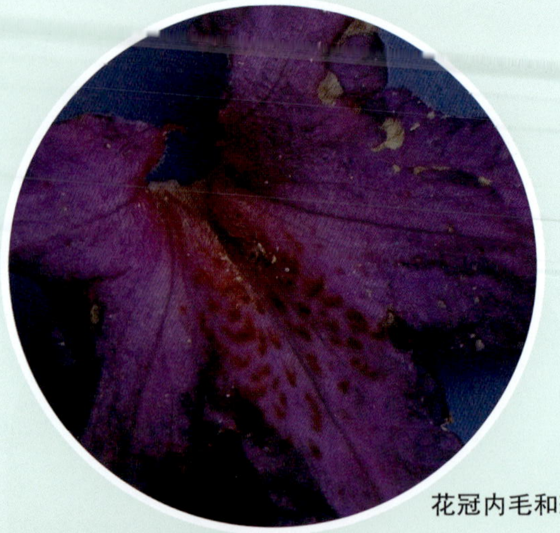

花冠内毛和斑点

花丝基部毛

子房

花部标尺照

山育杜鹃花

三花杜鹃花亚组 subsect. Triflora

Rhododendron oreotrephes W. W. Smith.

植株：常绿灌木或有时生长为小乔木，高2～5米。

叶：叶片长2～8厘米，宽1.5～4厘米，新生叶表面带蓝绿色，无鳞片，叶背面粉绿色或褐色，密被黄褐色或褐色鳞片，鳞片近等大，小至中等大小，相距小于直径至近邻接。

花：花序有3～5花；花萼长约1.5毫米，波状5裂或近于环状；花冠宽漏斗状，长1.5～3厘米，淡紫、淡红或深紫红色，外面洁净；花丝基部散生柔毛，子房密被鳞片；花期5～7月。

分布：产于四川、云南和西藏，本次调查发现地为天全县二郎山。

叶背面鳞片

叶表面鳞片

幼枝

花萼

花冠背面

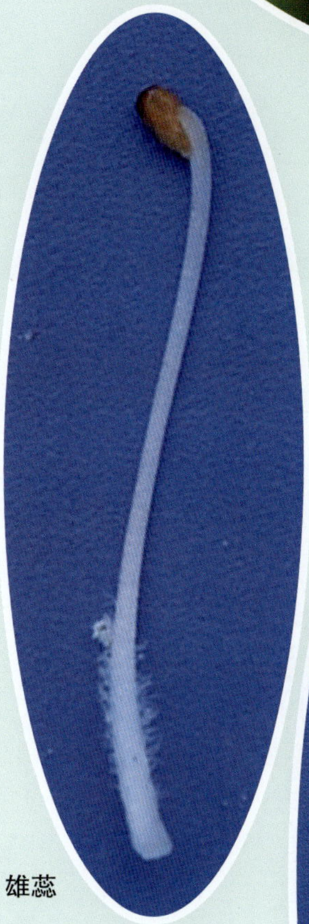

雄蕊

雌蕊

幼果

多鳞杜鹃花

三花杜鹃花亚组　subsect. Triflora

Rhododendron polylepis **Franch.**

植株：常绿灌木或有时生长为小乔木，高2~5米。

叶：叶片长2~8厘米，宽1.5~4厘米，新生叶表面带蓝绿色，无鳞片，叶背面粉绿色或褐色，密被黄褐色或褐色鳞片，鳞片近等大，小至中等大小，相距小于直径至近邻接。

花：花序有3~5花；花萼长约1.5毫米，波状5裂或近于环状；花冠宽漏斗状，长1.5~3厘米，淡紫、淡红或深紫红色，外面洁净；花丝基部被毛，子房密被鳞片；花期5~7月。

分布：产于四川、云南和西藏，本次调查发现地为天全县二郎山。

叶背面鳞片

叶芽

幼枝

花萼

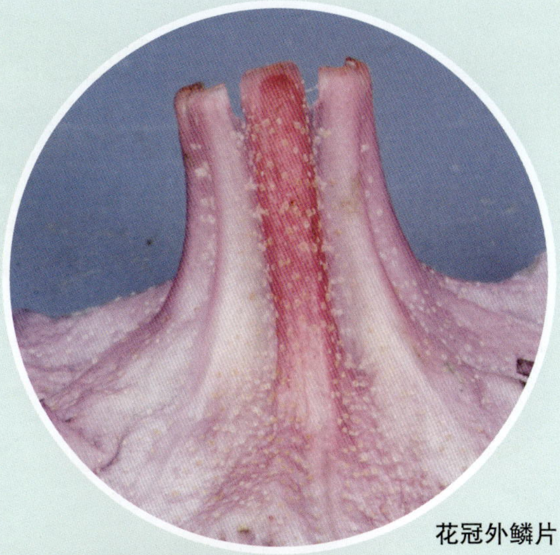

花冠外鳞片

子房

果实

花部标尺照

锈叶杜鹃花

三花杜鹃花亚组 subsect. Triflora

***Rhododendron siderophyllum* Franch.**

植株： 常绿灌木，高1~3米。

叶： 叶片长3~7（~11）厘米，宽1.5~3.5厘米，成熟叶表面密被下陷的小鳞片，无毛或有时沿中脉被柔毛，叶背面带白绿色、淡灰绿色或淡绿色，密被褐色鳞片，鳞片近等大，相距为其直径的0.5~2倍。

花： 花序有3~5花；花萼不发育，密被鳞片，无缘毛或有长睫毛；花冠筒状漏斗形，长1.5~3厘米，白色、淡红色、淡紫色或偶见玫红色，内面具黄绿色、淡红色或杏黄色斑或无斑，外面无鳞片或裂片上疏生鳞片；花丝基部被短柔毛或近无毛，子房密被鳞片；花期4~6月。

分布： 产于四川、贵州和云南，本次调查发现地为天全县。

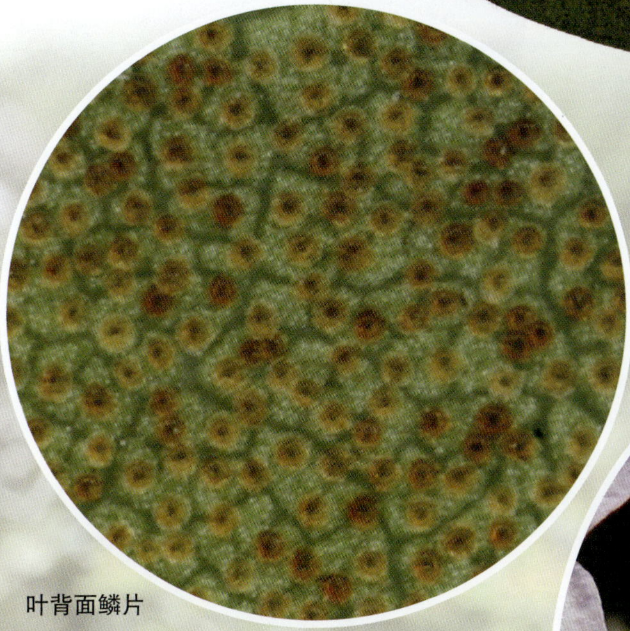

叶背面鳞片

叶表面鳞片

幼枝

花萼

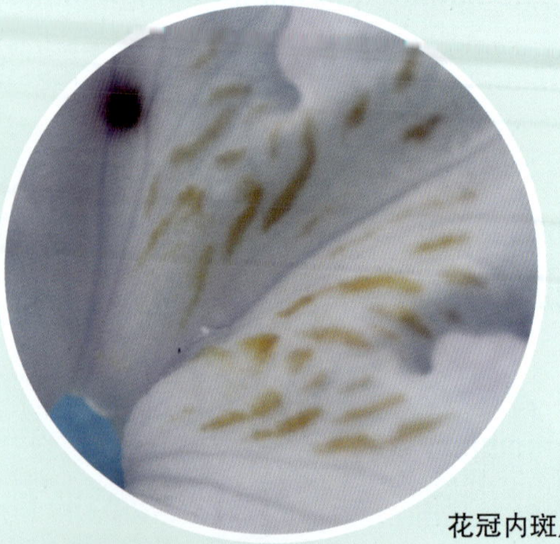

花冠内斑点

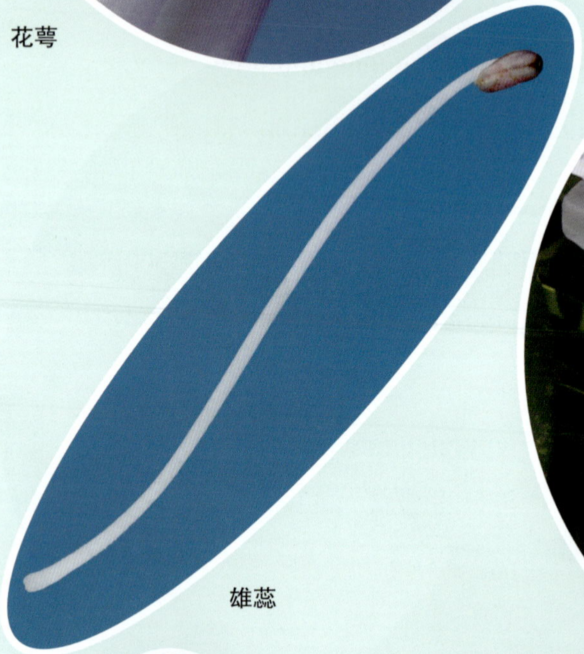

雄蕊

子房

幼果

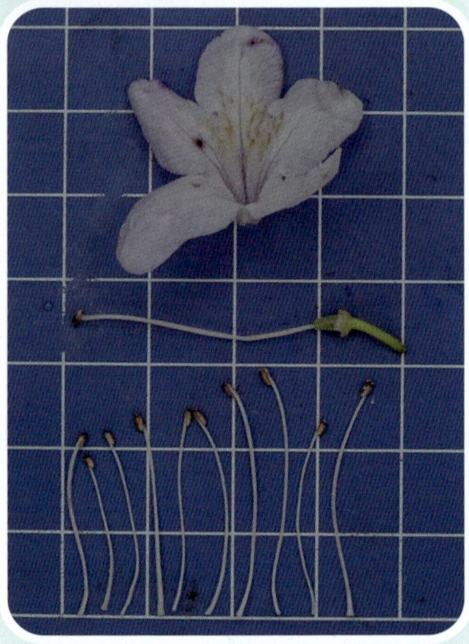

花部标尺照

亮鳞杜鹃花亚组

subsect. Heliolepida（Hutch.）Sleumer

常绿灌木或小乔木，幼枝有鳞片，无毛或有微毛。叶芳香，叶片形状和大小多变，通常卵圆形、长圆形、卵圆状披针形、椭圆状披针形、披针形、长圆状披针形、椭圆形，长1.5~14厘米，宽0.9~4.6厘米；叶背面鳞片被或疏生，鳞较大型。花序顶生，短总状伞形，2~9花；花萼不发育至明显，边缘环形、波状或具明显5裂，外面被鳞，通常无毛；花冠宽漏斗状、漏斗状或漏斗状钟形，花色变化，但无红色或黄色，基部有或无更深色斑块或斑点，外面明显有鳞片。雄蕊10，不等长，伸出或较花冠稍短或近等长，花丝至少在基部被毛。子房密被鳞片，花柱细长，劲直，无鳞片，无毛或基部有短柔毛。蒴果长圆形，密被鳞。种子无翅或有不明显鳍状物。

本书本亚组包含1种：苞叶杜鹃花。

苞叶杜鹃花 亮鳞杜鹃花亚组 subsect. Heliolepida

***Rhododendron bracteatum* Rehd. et Wils.**

植株： 常绿小灌木，高0.9~3米。

叶： 叶片浓香，长1.3~5厘米，宽1~2.5厘米，成熟叶表面被鳞，叶背面淡褐色或淡黄色，鳞金黄色，盘状，相距为其直径的1~4倍。

花： 花序有3~6花；花萼疏生鳞片，有或无缘毛；花冠宽漏斗状、漏斗状钟形或钟状，白色或淡紫、淡红色，内面基部有或无深红色斑块，外面疏生或无毛，被鳞片，管部内面被柔毛；花丝下部被柔毛，子房被鳞片，先端被柔毛；花期5~7月。

分布： 产于四川，本次调查发现地为汶川县卧龙镇野牛沟和巴朗山、天全县索索棚沟。

考察中发现此种在索索棚沟的几棵植株，与模式标本相比，其花冠内斑点为黄绿色。

叶背面鳞片

叶表面鳞片

幼枝和叶芽鳞

花冠内柔毛和斑点

花萼

雄蕊

雌蕊

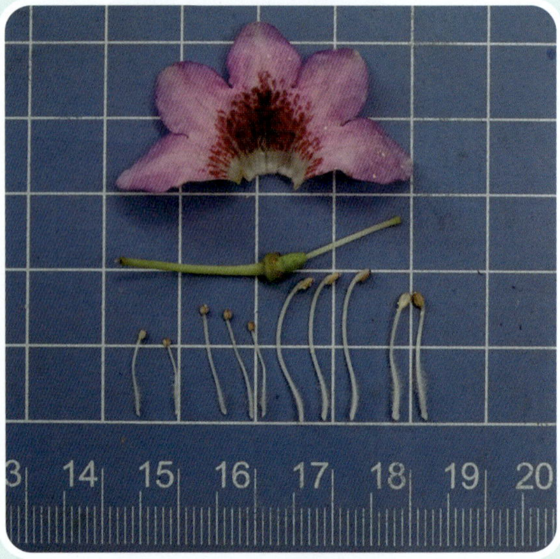

花部标尺照

高山杜鹃花亚组

subsect. Lapponica（Balf. f. ）Sleumer

矮小常绿灌木，稀生长为中小型，通常丛生；叶芽鳞早落，小枝短而密集，幼枝密被鳞，有时具毛。叶小型，稀叶片长达3~7厘米，通常芳香，叶背面鳞片密集或稍有间距。花序顶生、稀顶生和腋生，1至数朵花组成伞形总状花序；花梗短；花萼明显5裂；花冠漏斗状，花以紫色为主，稀白色和黄色。雄蕊5~10，通常直立。子房5室，被鳞片，有时在近基部或上部形成明显的柔毛环带，花柱伸出或较花冠短，被毛变化。蒴果短小，种子无翅，有不明显的鳍状物。

本书本亚组包含15种（亚种/变种）杜鹃花。

叶背面鳞片

叶表面鳞片

幼枝

花萼

花冠喉部被柔毛

花丝基部毛

子房和花柱基部毛

花部标尺照

永宁杜鹃花

高山杜鹃花亚组 subsect. Lapponica

***Rhododendron yungningense* Balf. f. ex Hutch.**

植株： 直立小灌木，高约1米。

叶： 叶片长0.8~2厘米，宽0.3~0.8厘米，叶表面灰绿色，无光泽，被相邻接的淡白色鳞片，叶背面淡绿色，被褐色至铁褐色鳞片，鳞片常邻接或有时稍重叠。

花： 花序有1~4花；花萼长2~3毫米，外面鳞片散生，边缘通常呈撕裂状，有长柔毛和鳞；花冠阔漏斗形，深紫蓝色或紫红色；花丝下部分常被柔毛，子房被灰白色鳞片，花柱无毛或在基部多少被柔毛；花期5~6月。

分布： 产于四川，本次调查发现地为小金县梦笔山。

叶背面鳞片

叶表面鳞片

幼枝

花萼

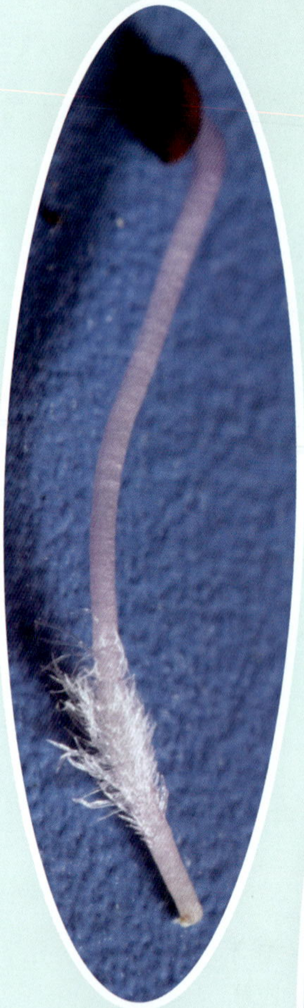

雄蕊

雌蕊

花部标尺照

密枝杜鹃花

高山杜鹃花亚组 subsect. Lapponica

Rhododendron fastigiatum **Franch.**

植株：通常成丛生的圆形小灌丛，小枝密集，高0.2~0.5米。

叶：叶片长5~15毫米，宽2~7毫米，叶表面绿色，密被鳞片，叶背面淡灰绿色，被同一式鳞片，鳞片淡黄褐色或褐色，鳞片邻接或相距小于其直径，或偶有部分邻接。

花：花序有2~4花；花萼发达，长3~5毫米，外面被鳞片，被缘毛；花冠宽漏斗状，紫蓝色或鲜淡紫红色，外面常有少数鳞片；花丝近基部被毛，子房被鳞片，花柱无毛或罕在基部被微毛；花期5~7月。

分布：产于青海、四川、云南西北部及中部，本次调查发现地为小金县梦笔山和汶川县巴朗山。

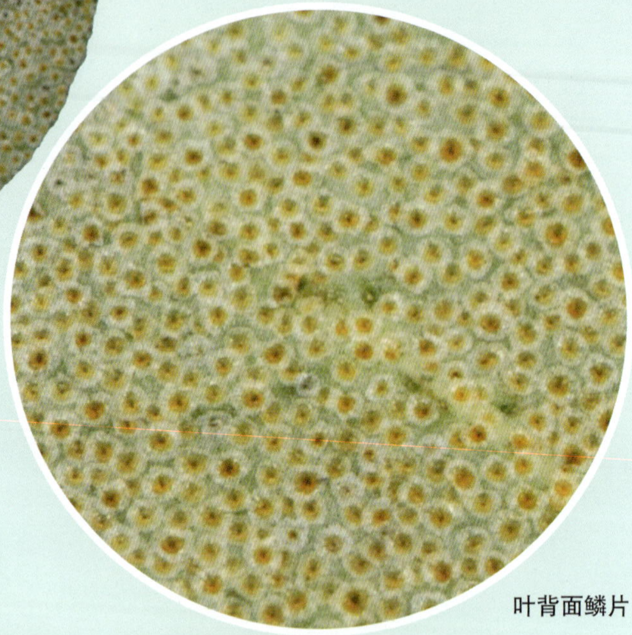

叶背面鳞片

叶表面鳞片

幼枝

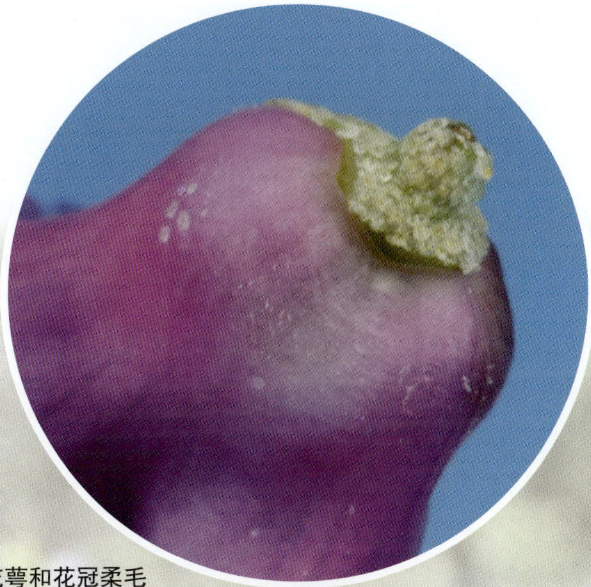
花萼和花冠柔毛

花喉部柔毛

花冠外鳞片

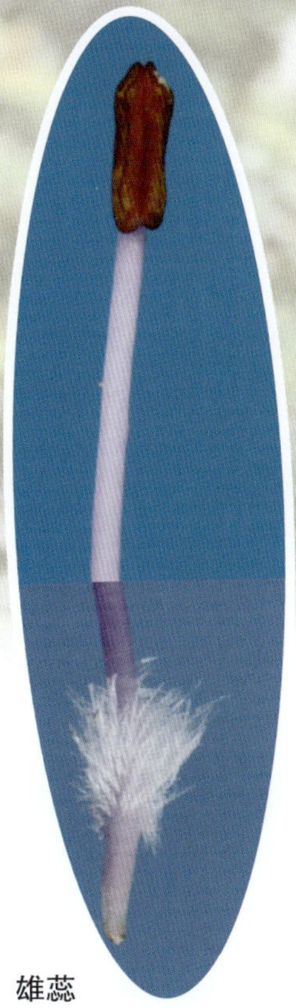
雄蕊

子房

花部标尺照

头花杜鹃花

高山杜鹃花亚组 subsect. Lapponica

Rhododendron capitatum **Maxim.**

植株：常绿小灌木，高0.5~1.5米，通常直立。

叶：叶长10~25毫米，宽5~10毫米，成熟叶表面灰绿或暗绿色，密被邻接的鳞片，叶背面淡褐色，具二色鳞片，鳞片无色或禾秆色，黄褐色或暗琥珀色，数量约相等而混生，相邻接或相距小于直径。

花：花序有3~6花；花萼长3~6毫米，基部被疏毛或鳞片，边缘被睫毛；花冠宽漏斗状，淡紫或深紫，紫蓝色；花丝近基部被毛，子房被鳞片和微柔毛，花柱常较雄蕊长，近基部偶有毛；花期5~6月。

分布：产于甘肃、青海及四川，本次调查发现地为宝兴县夹金山。

叶背面鳞片

叶表面鳞片

幼枝

花萼

花喉部柔毛

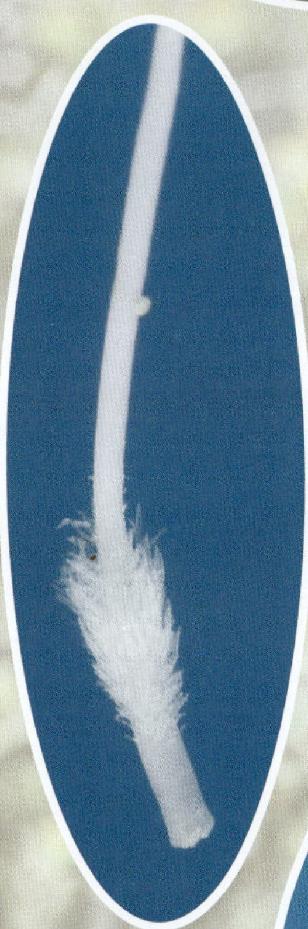

花丝基部毛

子房

花部标尺照

光亮杜鹃花

高山杜鹃花亚组　subsect. Lapponica

***Rhododendron nitidulum* Rehd. et Wils.**

植株： 常绿小灌木，平卧或直立，高0.2~0.5米。

叶： 叶长0.5~1.1厘米，宽3~7毫米，叶表面暗绿色，密被鳞片，邻接至多少重叠，薄而光亮，叶背面鳞片同型，浅黄褐色，有时混杂有少量深色鳞，相邻接或有时相距小于其直径。

花： 花序有1~2花；花萼发达，长2~3毫米，外面被鳞片，边缘有或无鳞片，常有缘毛；花冠宽漏斗状，蔷薇淡紫色至蓝紫色；花丝近基部密被柔毛，子房密被鳞片；花期5~6月。

分布： 产于四川，本次调查发现地为小金县双桥沟。

叶背面鳞片

叶表面鳞片

幼枝

花喉部柔毛

花萼

雄蕊

子房

花部标尺照

千里香杜鹃花

高山杜鹃花亚组 subsect. Lapponica

***Rhododendron thymifolium* Maxim.**

植株：常绿直立小灌木，高0.3~1米。

叶：叶片长5~15毫米，宽2~5毫米；叶表面灰绿色，无光泽，密被银白色或淡黄色鳞片，叶背面黄绿色，被银白色、灰褐色至麦黄色的鳞片，相邻接至重叠。

花：花单生枝顶或偶成双；花萼小，环状，长0.5~1毫米，外面鳞片及缘毛多变，有或无；花冠宽漏斗状至近碟状，淡紫蓝色至深紫红色，外面散生鳞片或无；花柱短，无毛或近基部被少数鳞片或毛；花丝基部被柔毛或光滑，子房密被淡黄色鳞片；花期5~7月。

分布：产于甘肃、青海、四川，本次调查发现地为小金县双桥沟和四姑娘山庄。

叶背面鳞片

叶表面鳞片

幼枝

花萼

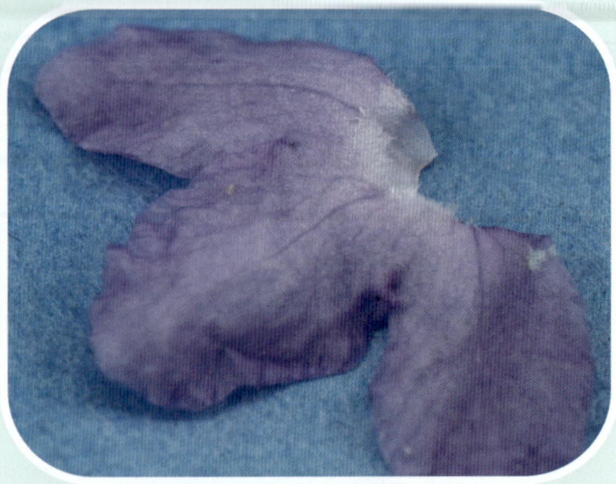

花喉部柔毛

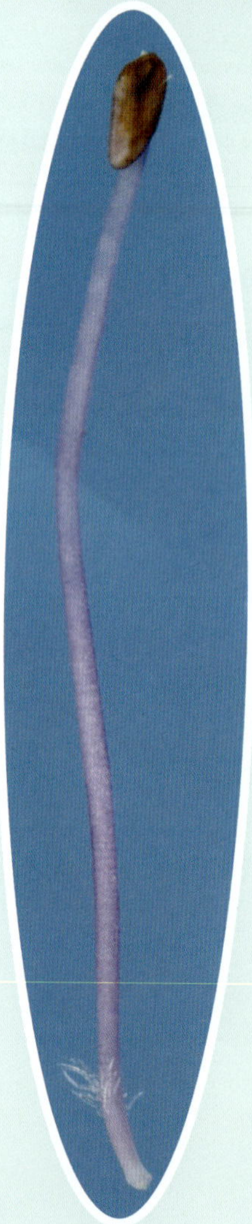

雄蕊

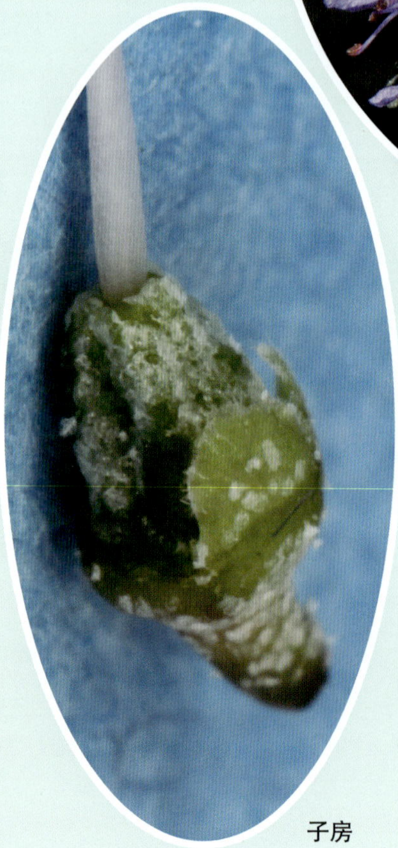

子房

花部标尺照

黄褐杜鹃花

高山杜鹃花亚组 subsect. Lapponica

***Rhododendron minyaense* Philip. et M. N. Philip.**

植株：常绿直立小灌木，高0.5~0.6米。

叶：叶片长5~17毫米，宽3~7毫米；叶表面暗绿色，密被鳞片，叶背面密被重叠或邻接的鳞片，淡黄褐色或黄褐色，散生有少数较深褐色的鳞片。

花：花序有2~3花；花萼发达，长4~8毫米，外面密被鳞，通常形成明显的中央鳞片带，有或无柔毛，边缘有睫毛；花冠漏斗状，淡紫色至深紫蓝色，外面无鳞或偶疏被鳞片；花柱超出雄蕊，基部有毛或无；花丝近基部有簇柔毛，子房密被鳞片；花期6~7月。

分布：产于四川，本次调查发现地为小金县梦笔山。

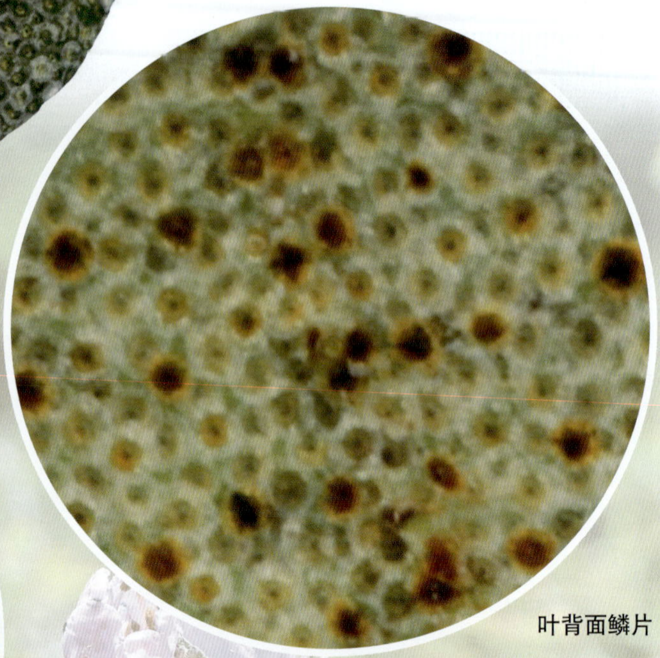

叶背面鳞片

叶表面鳞片

幼枝

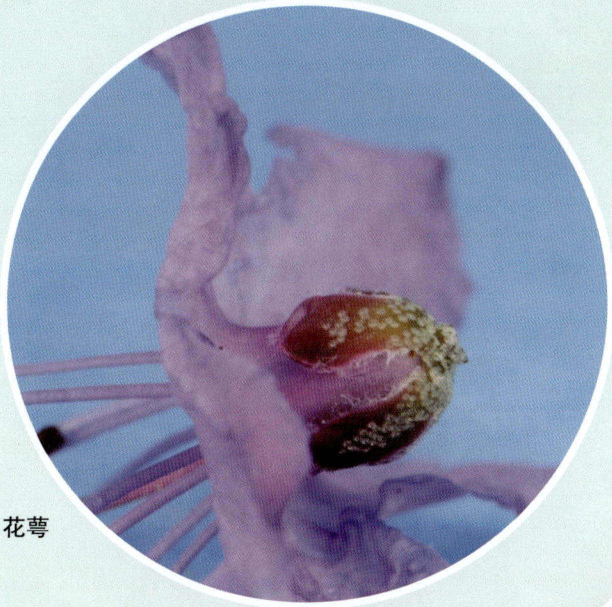

花萼

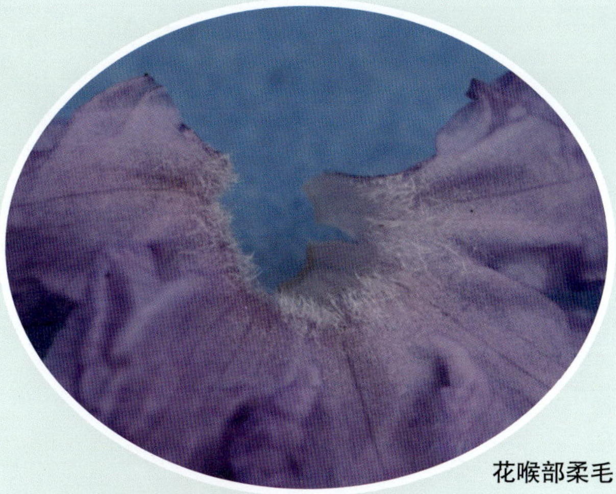

花喉部柔毛

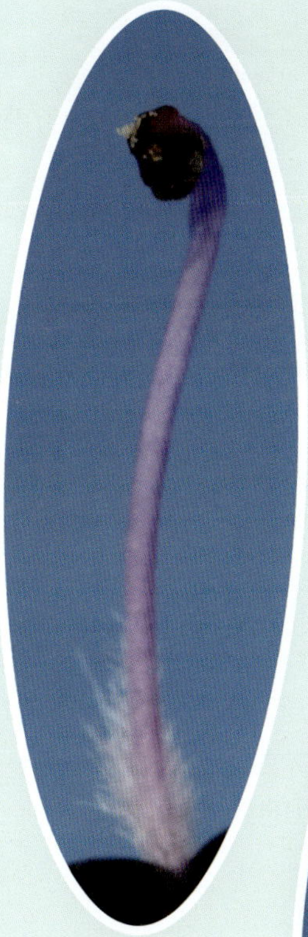

雄蕊

子房和花柱基部毛

花部标尺照

直枝杜鹃花 高山杜鹃花亚组 subsect. Lapponica

Rhododendron orthocladum **Balf. f. et Forrest**

植株：多分枝直立灌木，高0.5~1米。

叶：叶片长5~20毫米，宽2~4毫米，成熟叶表面绿色或灰绿色，密被淡色鳞片，叶背面黄褐色或淡黄褐色，被金黄色至黄褐色邻接或稍有间距的鳞片，并混杂有少数至多数深黄褐色鳞片。

花：花序有2~4花；花萼小，长0.5~2毫米，基部被鳞片，外面密被或疏被鳞片，边缘偶具少数鳞片及长缘毛；花冠漏斗状，淡至深紫蓝色或紫色，外面无鳞片或罕有疏鳞片；花丝近基部被毛，子房被淡色鳞片；花期5~6月。

分布：产于四川，本次调查发现地为小金县长坪沟和梦笔山。

叶背面鳞片

叶表面鳞片

幼枝

花冠外面

花喉部柔毛

花丝基部毛

子房

花部标尺照

草原杜鹃花 高山杜鹃花亚组 subsect. Lapponica

***Rhododendron telmateium* Balf. f. et W. W. Smith**

植株：丛状直立灌木，高0.2~1米，分枝细瘦，多而密集常成垫状。

叶：叶片长3~12毫米，宽2~5毫米；成熟叶表面暗灰绿色，有时有光泽，密被重叠的淡金黄色鳞片，叶背面鳞片相互重叠或邻接，二色，黄褐色、淡褐色或褐红色，深色鳞片多少变化，但通常较淡色鳞更少。

花：花序有1~2花；花萼长1~3毫米，被淡色鳞片，边缘被鳞片，有或无长缘毛；花冠宽漏斗状，淡紫色、玫瑰红色至深蓝紫色，通常外面被疏或密的淡色鳞片；花丝在基部被白色短柔毛，子房被淡黄色鳞片，基部有一窄的短柔毛带，花柱基部无毛或有毛；花期5~6月。

分布：产于云南和四川，本次调查发现地为汶川县巴朗山。

叶背面鳞片

叶表面鳞片

幼枝

花萼

花喉部柔毛

花冠外鳞片

雄蕊

子房

花部标尺照

北方雪层杜鹃花（亚种）

高山杜鹃花亚组 subsect. Lapponica

Rhododendron nivale **Hook. f. subsp.** ***boreale*** **Philipson et M. N. Philipson**

植株： 常绿小灌木，通常生长为分枝密集的小灌丛，高0.1~0.5 m。

叶： 叶片长2~10毫米，宽2~5毫米，成熟叶表面深绿色，密被重叠的黄褐色或褐色鳞片，叶背面黄绿色至淡黄褐色，被淡金黄色和深褐色两色鳞片，邻接或相距小于其直径，淡色鳞片常较多，深色鳞常脱落或极散生。

花： 花序单花或有时1~3花；花萼发达，外面被鳞，无毛，边缘有或无鳞片，无毛；花冠宽漏斗状，粉红，丁香紫至鲜紫色，外面无鳞或有时仅沿裂片中央被鳞；花丝近基部,被毛，子房被鳞片，花柱通常长于雄蕊，无毛或基部稍有毛；花期5~8月。

分布： 产于西藏、青海、四川，本次调查发现地为汶川县巴朗山。

叶背面鳞片

叶表面鳞片

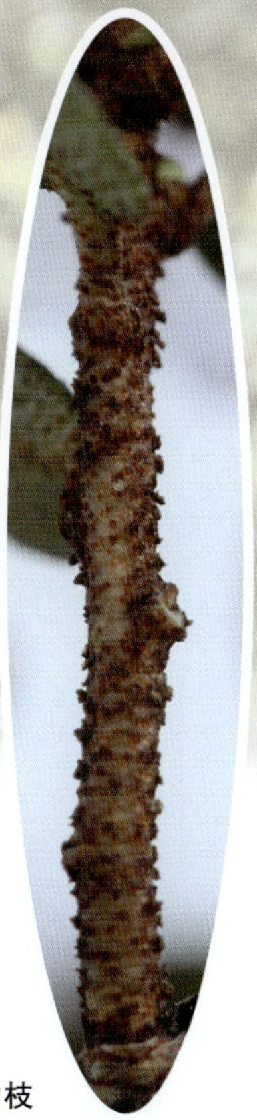

幼枝

叶芽

花萼

花喉部柔毛

雄蕊

子房

果实

花部标尺照

南方雪层杜鹃花（亚种） 高山杜鹃花亚组 subsect. Lapponica

Rhododendron nivale Hook. f. subsp. *australe* Philipson et M. N. Philipson

本亚种与北方雪层杜鹃（亚种）不同之处在于：植株常较直立；叶顶端锐尖，下面两色鳞片较不匀称；花萼裂片较狭，被明显的缘毛及少数鳞片；花柱不短于雄蕊；花期7月。

产于云南和四川，本次调查发现地为汶川县巴朗山。

叶背面鳞片

叶表面鳞片

幼枝

叶背面鳞片

叶表面鳞片

幼枝

花萼和花冠

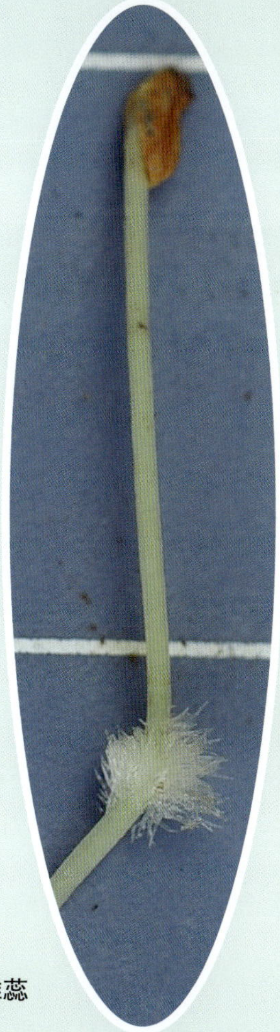

雄蕊

子房

花部标尺照

鹧鸪杜鹃花

高山杜鹃花亚组 subsect. Lapponica

***Rhododendron zheguense* Ching et H. P. Yang**

植株：直立灌木，高约0.5米，稀更大型。

叶：叶片长5~12毫米，宽3~6毫米，成熟叶表面暗绿色，被邻接的鳞片，叶背面淡黄棕色，鳞片二色，淡黄色和淡褐色鳞片近等混生，邻接。

花：单花或稀1~3花；花萼长约4.5毫米，外面密被鳞片，有时形成明显的中央鳞片带，边缘被缘毛或鳞片；花冠漏斗状，淡紫蓝色，外被疏毛；花丝自中部以下被长柔毛，子房密被鳞片，花柱短于雄蕊，中部以下被微柔毛；花期6~7月。

分布：产于四川，本次调查发现地为小金县梦笔山和汶川县巴朗山。

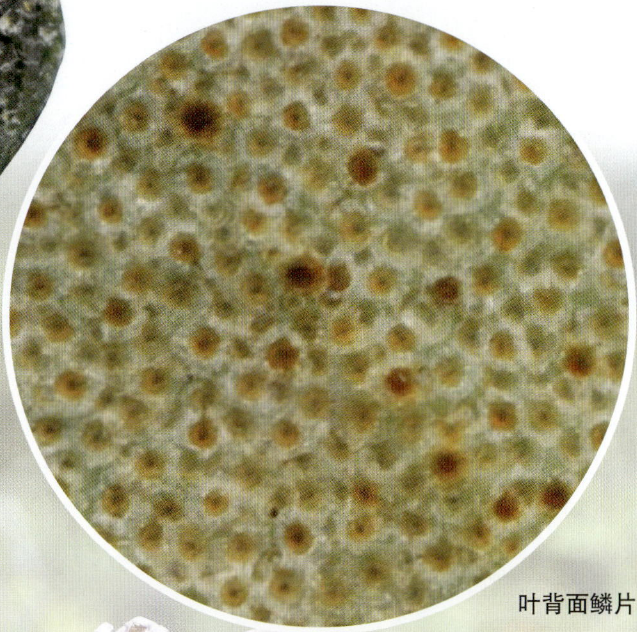

叶背面鳞片

叶表面鳞片

幼枝

花萼

花喉部柔毛

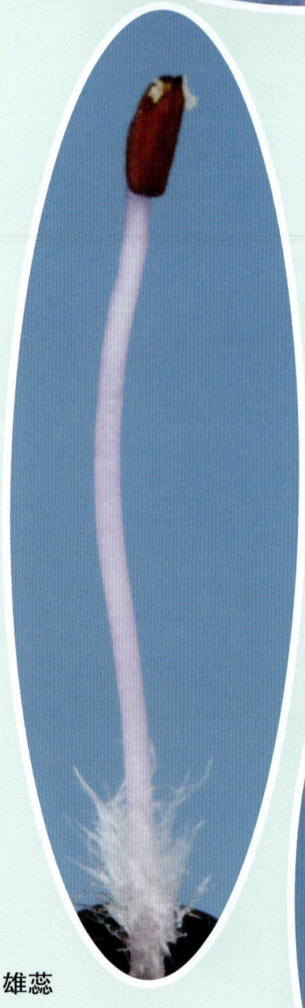

雄蕊

子房和花柱基部毛

花部标尺照

怒江杜鹃花亚组

subsect. Saluenensia（Hutch.）Sleumer

常绿、矮小灌木，植株直立或平卧成垫状。幼枝有鳞片，通常有刚毛。叶革质，下面密被鳞片，鳞片覆瓦状排列，边缘有细锯齿，有柄或无柄着生；叶柄密被鳞片，无刚毛或有刚毛。花序顶生，1~3（~5）花，伞形着生；花梗密被鳞片，无毛或有刚毛；花萼发育，萼片通常大，5裂至基部，常带红色，边缘被毛；花冠宽漏斗形、辐状或碟状，紫红色或淡紫红色，外面沿花冠裂片中部被鳞片或无鳞片，被短柔毛或无毛；雄蕊10，花丝下部密被柔毛；子房5室，密被鳞片，有时有微柔毛，花柱洁净或有时基部有微柔毛。蒴果卵球形，为宿存萼片所包。种子无翅。

本书本亚组包含1种杜鹃花：怒江杜鹃花。

怒江杜鹃花

怒江杜鹃花亚组 subsect. Saluenensia

Rhododendron saluenense **Franch.**

植株： 小灌木，通常丛生，高0.1~0.6米，稀更大型。

叶： 叶片长1.5~3厘米，宽1~2厘米，叶表面成熟后无鳞，基部沿中脉散生分枝细硬毛，叶背面密被覆瓦状鳞片，通常2~3层，褐色、淡褐色或黄绿色，沿叶脉有时疏生长刚毛，通常边缘于幼时有长刚毛，以后渐脱落。

花： 花序有1~3（5）花；花萼发育，外面被鳞和柔毛，边缘有或无睫毛，内面被柔毛；花冠宽漏斗状，紫色、紫红色或深红色，内有深色斑点，外面密被短柔毛，有或无鳞片；花丝基部密被柔毛，子房被鳞和柔毛，花柱伸出花冠，基部有微柔毛或无；花期5~6月。

分布： 产于四川、云南、西藏，本次调查发现地为宝兴县赶羊沟。

叶背面鳞片

幼枝

幼叶

花萼

花冠外鳞片和毛

雄蕊

子房

腋花杜鹃花亚组

subsect. Rhodobotrys（Sleumer）Geng

常绿小灌木，幼枝密被鳞。叶片两面被鳞，背面通常灰白色。花序生枝顶和上部叶腋，2~5花，常数花序簇生。花萼不明显，边缘环状或具不明显5小齿裂，外面被鳞。花冠漏斗形，粉红色、淡红色、淡紫红色或有时为白色。雄蕊10，花丝基部密被柔毛。子房5室，密被鳞片。花柱无毛和鳞。果小型，长圆柱形，被鳞。种子无翅。

本书本亚组包含1种：腋花杜鹃花。

腋花杜鹃花

腋花杜鹃花亚组 subsect. Rhodobotrys

Rhododendron racemosum Franch.

植株：小灌木，高0.2~2米，通常丛生。

叶：叶片长1.5~4厘米，宽0.7~2厘米；成熟叶表面密被鳞片，背面通常灰白色，密被褐色鳞片和小乳突，鳞片相距小于其直径，不相邻接。

花：花序腋生枝顶或枝上部叶腋，有2~3花；花萼小，环状或波状浅裂，被鳞片；花冠小，宽漏斗状，粉红色、淡紫红色或有时为白色，外面疏生鳞片或无，有时在管内被柔毛；花丝基部散生柔毛，子房密被鳞片；花期4~5月。

分布：产于四川、贵州和云南，本次调查发现地为天全县二郎山。

叶背面鳞片

叶表面鳞片

叶芽

花萼

花蕊

雌蕊

果实

花苞

髯花杜鹃花组

sect. Pogonanthum G. Don

常绿小灌木，常丛生，高0.2~1米，稀可达2米。幼枝密被鳞，有或无毛，有时具宿存的芽鳞。叶小型，芳香，长1~5米，背面鳞片1~3层重叠，鳞片边缘不整齐，呈撕裂状或稀波状。花序顶生，排成头状、总状、伞形花序，花芽鳞脱落或多少宿存，芽鳞苞片边缘常分枝毛；花梗短；花萼稍两侧对称，明显5裂，外面被鳞，有或无毛，边缘通常具睫状毛；花冠狭管状、管状、高脚碟状或漏斗状、高脚碟状，白色、粉红、红色至紫色或黄色，在喉部内面常被一圈明显的髯毛，外面通常无鳞，有或无毛。雄蕊5~10，不伸出花管。子房小，花柱短，棍棒状，不伸出花管。蒴果被鳞片，果瓣木质；种子不具翅，但有暗色的鳍状纹。

本书本组包括5种（亚种/变种）杜鹃花。

髯花杜鹃花组分种检索流程图

髯花杜鹃花组

- 花萼较大，长2~7毫米。
  - 叶较小，长1~2.5厘米；叶芽鳞早落；花萼长3~4毫米，外面常无鳞片，边缘有密而长的睫毛或鳞片；花管外面疏被鳞片，不被毛。
    红背杜鹃花
  - 叶较大，长2~5厘米。
    - 花管外面被微柔毛，或有时疏被鳞片；叶芽鳞早落；花序5~8花；花萼长3~6毫米，外面疏被鳞片，边缘有或无缘毛。
      微毛杜鹃花
    - 花管外无毛、无鳞片。
      - 叶芽鳞宿存；花序5~10花，花萼较大，长4~7毫米，外面被鳞片，边缘被长睫毛。
        毛喉杜鹃花
      - 叶芽鳞早落；花序10~20花；花萼长3~4（~4.5）毫米，外面无鳞片，边缘蚀痕状，具少数鳞片或睫毛外面无鳞片。
        烈香杜鹃花
- 花萼小，长1~2.5毫米。花序花较多，常8~20花；叶较狭窄，多为线形至倒卵状披针形；花冠筒外面无毛。
  毛嘴杜鹃花

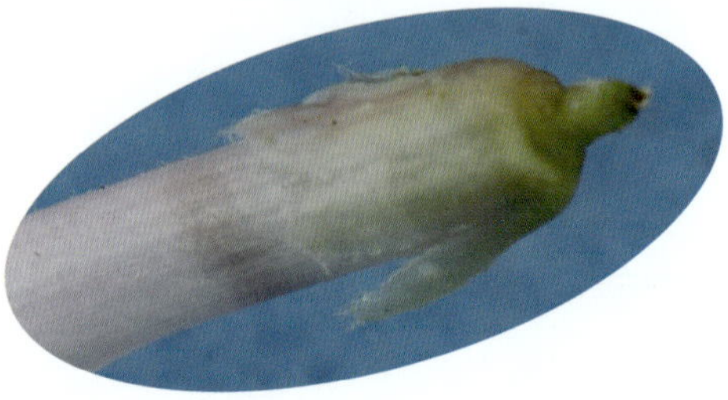

红背杜鹃花

髯花杜鹃花组 sect. Pogonanthum

***Rhododendron rufescens* Franch.**

植株： 常绿小灌木，高不及1米，分枝短而密。

叶： 叶片长1~2.5厘米，宽5~10毫米，表面深绿色，成熟后无鳞片和毛，背面密被棕肉桂色或暗棕褐色鳞片，鳞片2~3层重叠着生成海绵状。

花： 花序有5~10花；花萼长3~4毫米，外面常无鳞片，边缘有密而长的睫毛或鳞片；花冠狭筒状，长1.2~1.5厘米，白色或淡红白色，内面喉部密被髯毛，外面常疏被鳞片；花丝无毛，子房被鳞片；花期6月。

分布： 产于青海和四川，本次调查发现地为大邑县西岭雪山和小金县。

叶表面鳞片

叶背面鳞片

幼枝和花芽鳞

花萼和花冠

花冠内柔毛

雄蕊

雌蕊

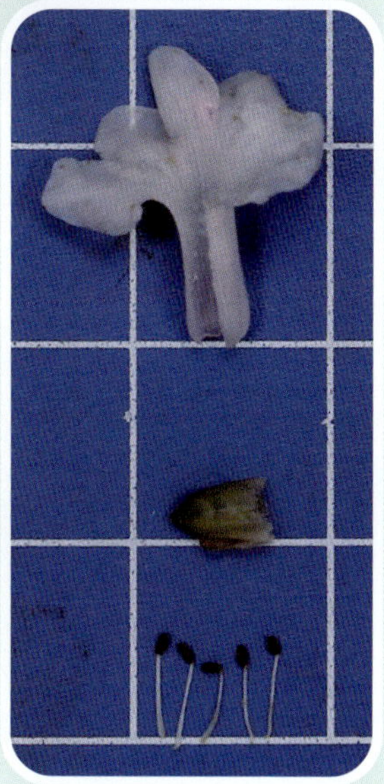

花部标尺照

毛喉杜鹃花

髯花杜鹃花组 sect. Pogonanthum

Rhododendron cephalanthum **Franch.**

植株： 通常为匍匐状丛生小灌木，稀直立生长，高0.2~0.6米，稀达1米。

叶： 叶片长1~4厘米，宽0.5~2厘米，表面暗绿色，有光泽，无鳞片，无毛，背面密被淡黄褐色、黄褐色或带红褐色的鳞片，鳞片重叠成2~3层。

花： 花序有5~10花；花萼大，长4~7毫米，外面被鳞片，边缘被长睫毛；花冠狭筒状，长0.8~1.5厘米，白色或粉红至玫瑰色，外面无鳞片，内面喉部被密髯毛；花丝基部被毛，子房密被鳞片；花期5~6月。

分布： 产于青海、四川、云南和西藏，本次调查发现地为大邑县西岭雪山和黑水河自然保护区。

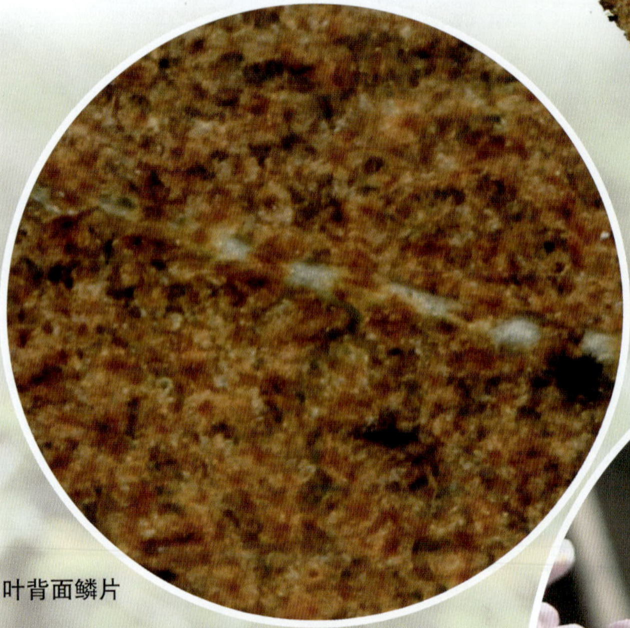

叶背面鳞片

叶表面鳞片

幼枝

花萼

花冠内柔毛

雄蕊

雌蕊

幼果

花部标尺照

叶背面鳞片

叶芽

幼枝

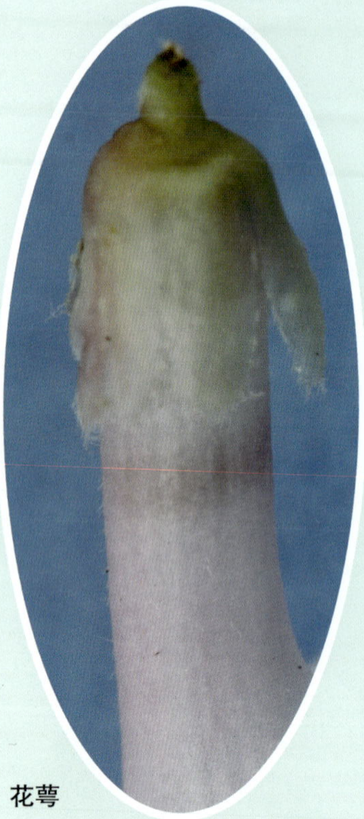

花萼

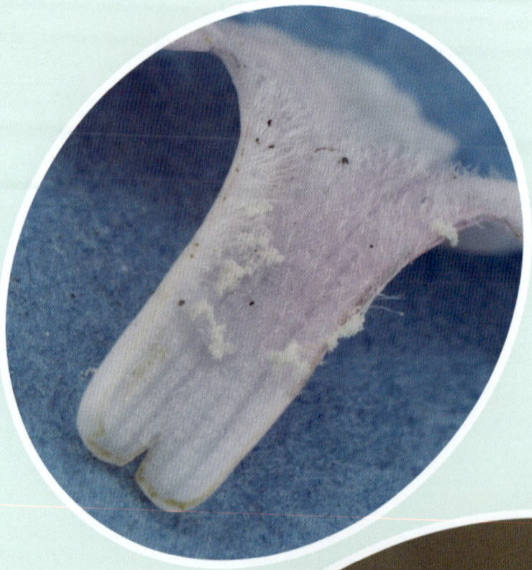

花冠内柔毛

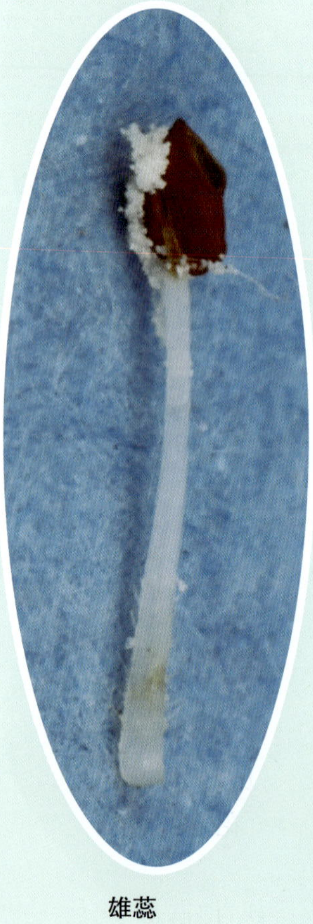

雄蕊

雌蕊

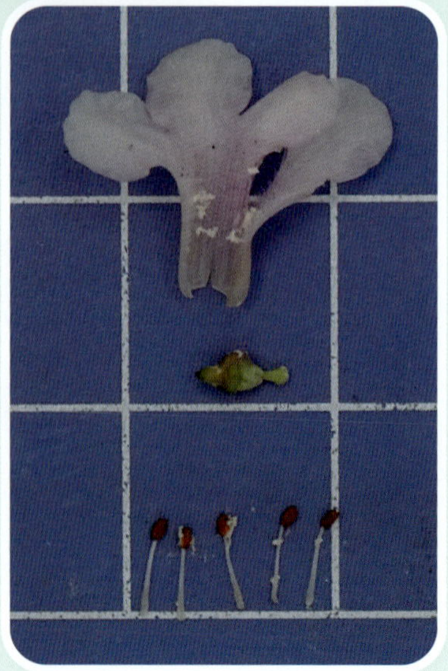

花部标尺照

毛嘴杜鹃花

髯花杜鹃花组 sect. Pogonanthum

Rhododendron trichostomum **Franch.**

植株：常绿小灌木，高0.3~1（~1.5）米，分枝多而缠结。

叶：叶片长0.8~3.2厘米，宽3~5毫米，叶表面深绿色，有或无鳞片，叶背面常淡黄褐色至灰褐色，被重叠成2~3层的长短不齐的有柄鳞片，最下层鳞片金黄色，较其他层色浅。

花：花序有10~15花；花萼小，长0.5~2毫米，外面被鳞片或无，边缘常有鳞片并稍有缘毛；花冠狭筒状，白色、粉红色或蔷薇色，外面无鳞片，内面喉部被长柔毛；花丝无毛或基部被微毛，子房被鳞片；花期5~6月。

分布：产于云南、西藏、四川和青海，本次调查发现地为汶川县巴朗山。

叶背面鳞片

叶表面鳞片

幼枝

花萼

花冠内柔毛

雄蕊

雌蕊

花部标尺照

常绿杜鹃花亚属

subgen. Hymenanthes (Blume) K. Koch

大型或中等大小的常绿灌木或乔木。叶革质或厚革质，叶片大小变化极大，无芳香；成熟叶两面无毛或被疏密、厚薄变化的毛被。花序松散至极密集，少花至20~30花形成顶生的大型总状伞形或短总状花序，稀单花顶生；花萼小，环状，稀增大发育成杯状，有或无；花冠5~10裂，形态和花色变化，稀在基部有深色的蜜腺囊，通常无芳香。雄蕊5~20，不等长，通常不伸出。子房常圆柱形或卵圆形，无毛或具稀或密的各式毛被，稀具腺体，花柱细长，常无毛或通顶被毛或腺体。蒴果大小和形态变化，具硬木质瓣膜；种子周边常具膜质的薄翅。

云锦杜鹃花亚组
subsect. Fortunea Sleumer

常绿灌木或小乔木，高1~15米，树皮粗糙。幼枝无毛或被薄层灰白色至灰色从卷毛，有或无长柄腺毛或腺头刚毛，通常变无毛。叶片倒披针形、椭圆形、长圆形、卵形或倒卵形至圆形，长5~35厘米，宽1.5~12厘米，基部楔形、圆形、近心形或耳形，边缘光洁，具腺毛或腺头刚毛；成熟叶表面成熟后无毛，背面无毛或极散生毛，有时毛仅沿中脉宿存，在成熟植株绝无覆盖叶片的毛被。花序顶生，有5~30花；总轴不明显或极发育，有时被腺毛；花萼小型或退化，长1~4毫米，环形，边缘波状或有明显裂片；花冠漏斗状钟形、钟形至宽钟形，内面基部通常无蜜腺囊（早春杜鹃花 *R. praeteritum* 除外），裂片5~8。雄蕊通常多数，10~20，花丝通常无毛。子房5~10室，密被有柄腺体或腺头刚毛，稀无毛；花柱有或无腺体。蒴果圆柱形、长圆柱形，表面由于具脱落的毛基或痕迹而显粗糙。

本书本亚组包括10种（亚种/变种）杜鹃花。

云锦杜鹃花亚组分种检索流程图

柱头大，盘状，宽5~6.5毫米。

花冠阔钟形或钟形，花冠外面无腺体。

花较大，花冠长1.2~1.9厘米；花萼长2~3毫米。

花冠钟形，淡红色至白色，裂片5；雄蕊18~20；叶宽倒披针形，稀长圆状椭圆形，长17~26厘米，宽3~9厘米，下面成长后尚有残存的星状毛。

汶川星毛杜鹃花

花序总轴长1.5~2厘米，花序有花15~30花；裂片5~7。

美容杜鹃花

花序总轴较短，长仅1厘米，花少，仅有花3~7花；花冠碗状钟形，裂片5。

疏花美容杜鹃花

花冠斜钟形或漏斗状钟形至宽漏斗状钟形；花冠外面有疏生的腺体。

花冠漏斗状钟形，长9.5~10.5厘米，裂片7；雄蕊15；叶狭长圆形，稀长圆状倒披针形，长14~17.5厘米，宽3~4.5厘米。

卧龙杜鹃花

花冠宽漏斗状钟形，长3~5厘米，裂片7~8；雄蕊13~16（~17）；叶长圆形，长圆形至长圆状倒卵形，长5~14.5厘米，宽3~5.7厘米。

大白杜鹃花

云锦杜鹃亚组

柱头小，头状或盘状，宽1.5~4（~5）毫米。

子房及花柱无毛；幼枝多少被绒毛或微柔毛。
山光杜鹃花

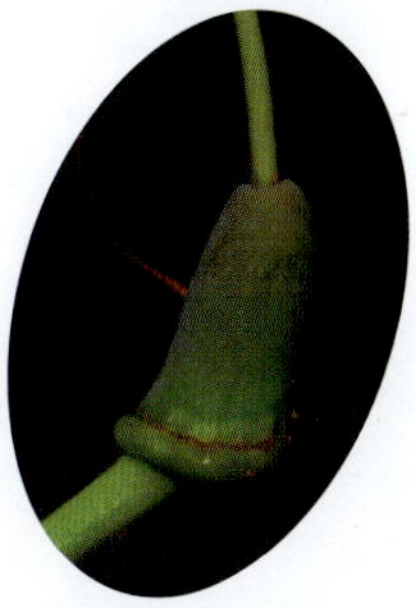

子房密被腺体。

子房密被红色或红褐色腺体。
亮叶杜鹃花

子房密被短柄腺体或腺体。

叶柄长3~7厘米；花冠钟形，蔷薇红色，雄蕊14。
团叶杜鹃花

叶柄较短，长1~2.5厘米；花丝有或无毛。

叶长10~16厘米；花冠阔钟形，玫瑰红色或紫红色，裂片7~8；雄蕊13~15，花丝无毛。
腺果杜鹃花

叶长4.5~10厘米；花冠淡红色，通常有6~7枚裂片；雄蕊12~14，花丝白色，基部无毛或略有白色微柔毛。
粉红山光杜鹃花

美容杜鹃花

云锦杜鹃花亚组　subsect. Fortunea

Rhododendron calophytum **Franch.**

植株：中等或大型灌木，有时乔木状，树皮黄灰色或棕褐色，片状剥落。

叶：叶片长11~35厘米，宽4~8厘米，成熟叶表面淡绿色，无毛（展开前被白色从卷毛），背面淡绿色，成熟后无毛或沿中脉具被毛痕迹。

花：花序有15~25花或更多；花萼小，边缘波状或有明显裂片，裂片齿状三角形或近圆形，无毛；花冠阔钟形，长4~6厘米，红色或粉红色至白色，基部略膨大，内面基部上方有1枚紫红色或黄绿色斑块，裂片5~7；花丝基部被柔毛或无毛，子房无毛，花柱不伸出，无毛，柱头大，盘状，直径5~8毫米；花期4~5月。

分布：产于陕西、甘肃、湖北、四川和云南，本次调查发现地为汶川县、小金县、宝兴县、大邑县和天全县。

叶背面

幼枝和叶芽

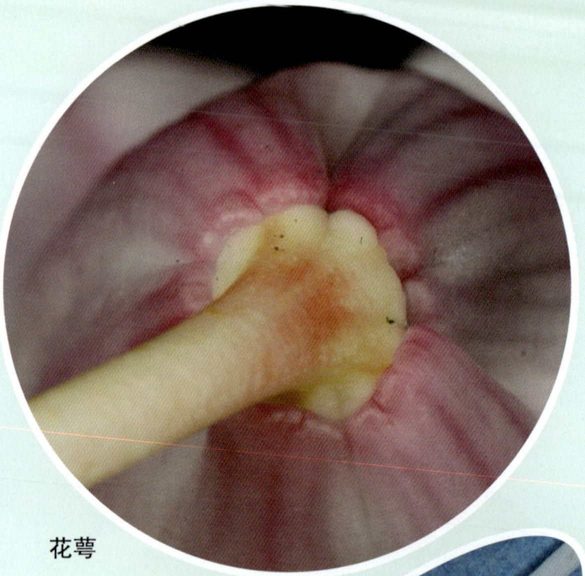

花序轴

花萼

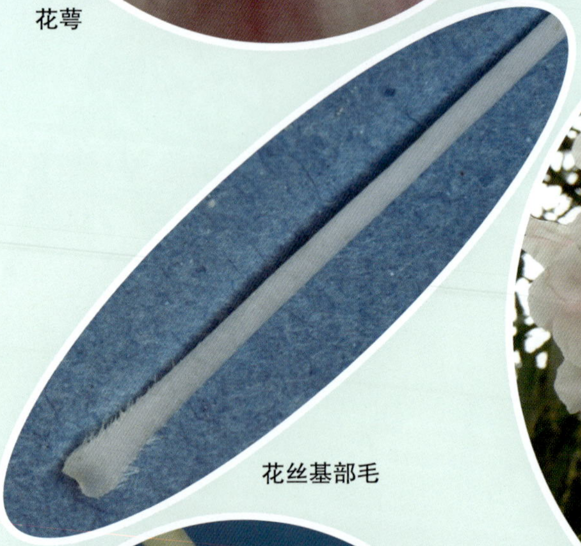

花丝基部毛

子房

幼果

花部标尺照

疏花美容杜鹃花 云锦杜鹃花亚组 subsect. Fortunea

Rhododendron calophytum Franch. var. *pauciflorum*

本变种与原种的区别：叶为宽倒披针形至长圆形，先端短渐尖；总轴较短，长仅1厘米；花少，仅有3~7花；花冠碗状钟形，裂片5。本次调查发现地为大邑县西岭雪山。

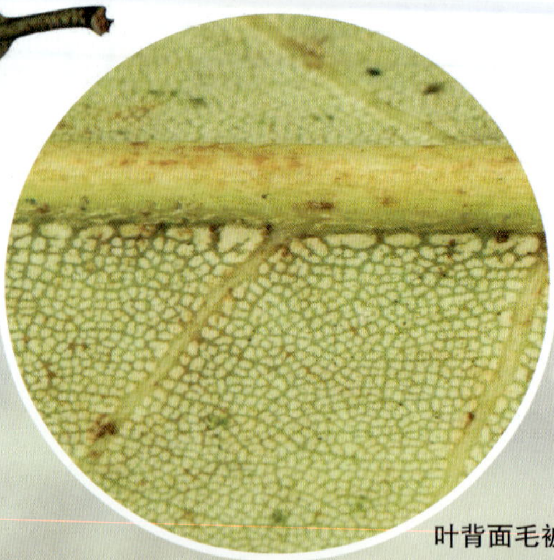

叶背面毛被

花序轴

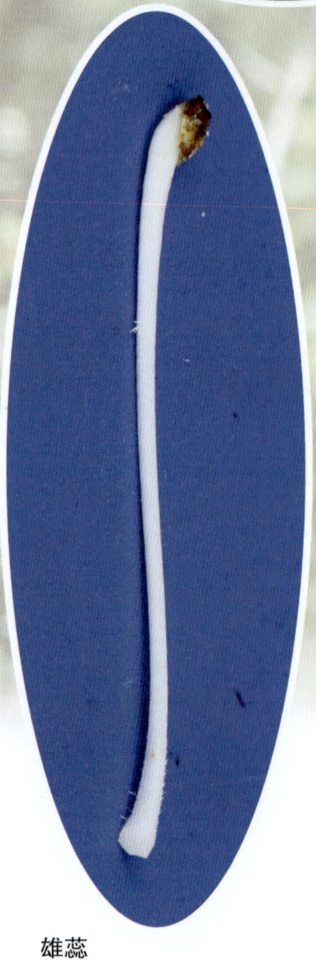

雄蕊

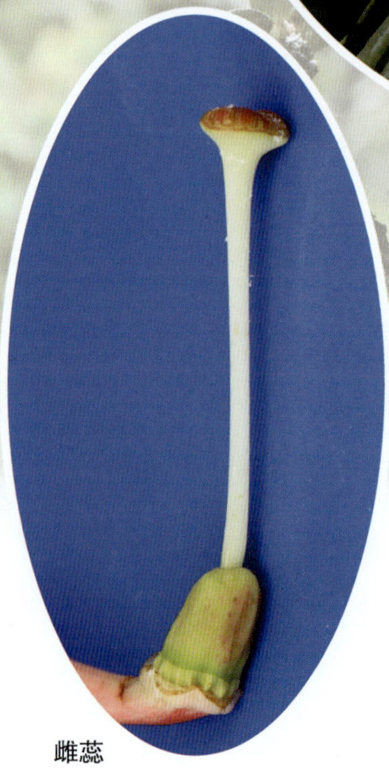

雌蕊

花部标尺照

汶川星毛杜鹃花

云锦杜鹃花亚组 subsect. Fortunea

***Rhododendron asterochnoum* Diels**

植株：灌木或小乔木，高2~6米。

叶：叶片长18~30厘米，宽3~9厘米，叶表面深绿色，无毛，背面淡灰绿色或淡绿色，幼时密被灰白色或淡灰褐色星状绒毛，毛多脱落，成熟后毛极散生，沿叶脉或附近较密。

花：花序有11~20花；花萼小，长1~2毫米，5小齿裂，裂片三角状或卵圆形，无毛；花冠漏斗状钟形，长3~5厘米，淡红色至白色；花柱不伸出，无毛，柱头大，盘状，宽5~5.5毫米；花丝基部有柔毛，子房无毛；花期4~5月。

分布：产于四川，本次调查发现地为汶川县天台山。

幼枝

叶背面毛被

花序轴

花萼

雄蕊

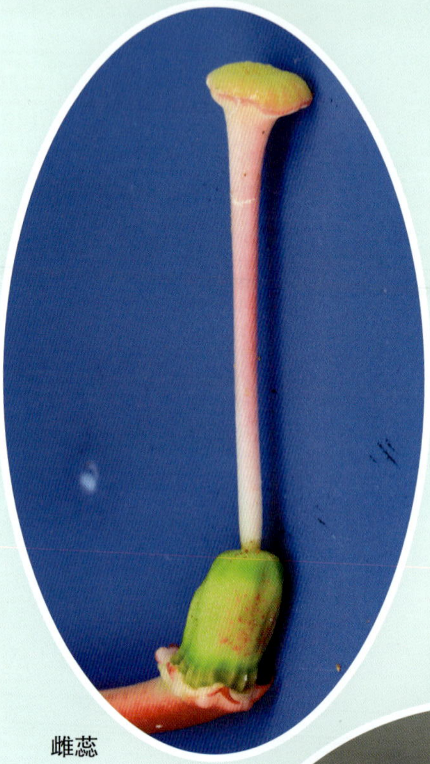
雌蕊

果实

花部标尺照

卧龙杜鹃花

云锦杜鹃花亚组 subsect. Fortunea

***Rhododendron wolongense* W. K. Hu**

植株：小乔木，高4~6米。幼枝绿色，有明显近于圆形的叶痕。

叶：叶片长14~17.5厘米，宽3~4.5厘米；叶表面绿色，背面粉白色，两面无毛。

花：花序有5~6花；花萼小，长1.5~2毫米，外面有稀疏的腺体，先端有5~6枚齿状裂片；花冠漏斗状钟形，长9.5~10.5厘米，直径7.5~8.5厘米，白色，外面近基部有稀疏的腺体，内面疏生白色微柔毛，裂片7；花丝下部渐宽，有白色微柔毛，子房密被短柄腺体，花柱通体被短柄腺体，柱头盘状，宽5毫米；花期6~7月。

分布：产于四川，本次调查发现地为汶川县老鸦山和正河。

叶背面

幼枝

花序轴

花萼

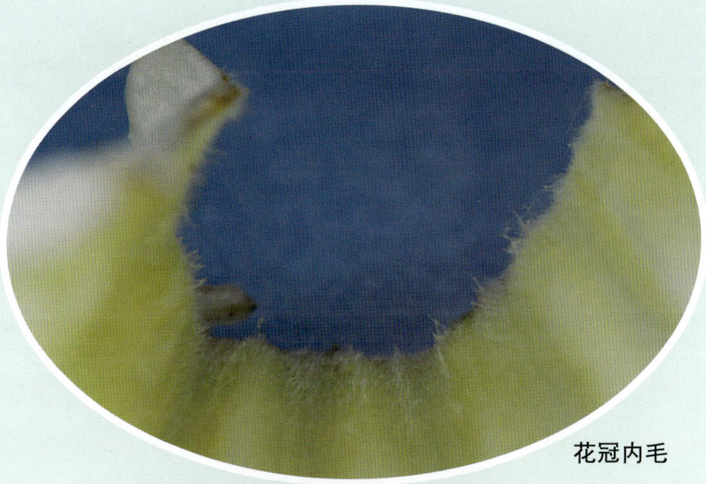

花冠内毛

花冠外腺体

花丝基部毛

子房和花柱腺体

花部标尺照

大白杜鹃花

云锦杜鹃花亚组　subsect. Fortunea

Rhododendron decorum **Franch.**

植株： 常绿灌木或小乔木，高1.5~5米。

叶： 叶片长5~14.5厘米，宽3~5.7厘米，成熟叶两面无毛，表面暗绿色，蜡质，背面淡白绿色。

花： 花序有8~10花；花萼小，长1.5~2毫米，6~7裂，裂片小齿状三角形，边缘被睫毛状腺体；花冠宽漏斗状钟形，长3~10厘米，直径5~9厘米，淡粉红色或白色，内面基部有白色微柔毛，外面有稀少的白色腺体，裂片6~8；花丝基部密被柔毛，子房全体密被白色或黄白色有柄腺体；花柱较花冠短，通体被腺体；花期4~5月。

分布： 产于四川、贵州、云南，本次调查发现地为宝兴县新寨子。

叶背面

幼枝

叶芽

花萼

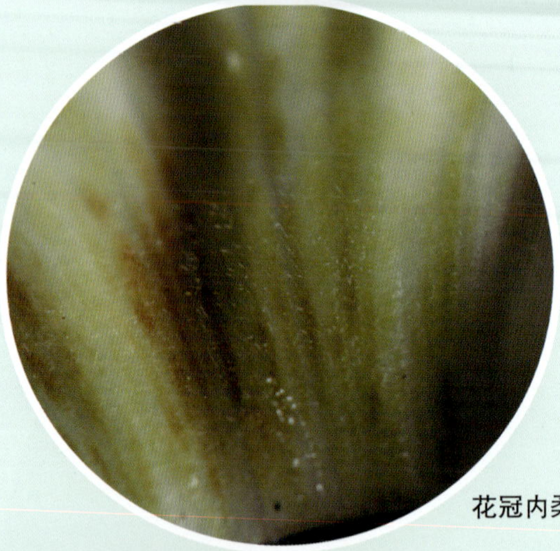

花冠内柔毛

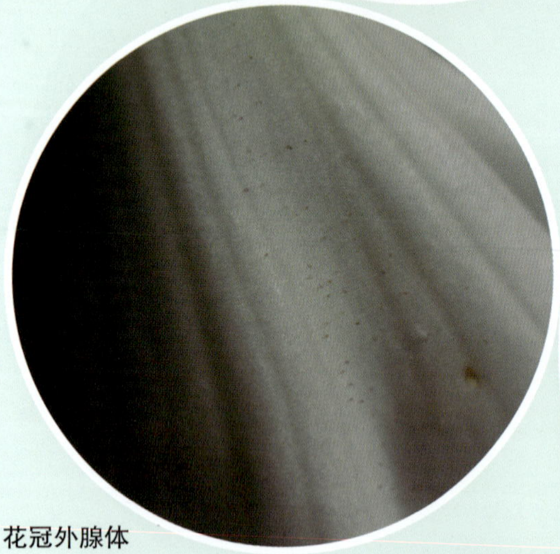

花冠外腺体

花丝基部毛

子房

花部标尺照

高尚大白杜鹃花（亚种） 云锦杜鹃花亚组 subsect. Fortunea

Rhododendron decorum Franch. subsp. *diaprepes*

本亚种与大白杜鹃花的区别：叶片较大，长12~19（~30）厘米，宽4.4~11厘米；花较大，长（6.5~）8~10厘米，宽约9厘米。本次调查发现地为宝兴县瓦斯沟。

叶背面小毛残点

幼枝

花序轴

花萼和花冠外腺体

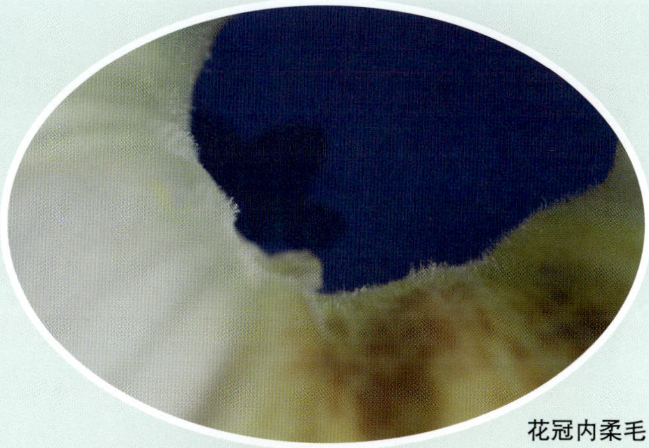

花冠内柔毛

雄蕊

子房

花部标尺照

山光杜鹃花

云锦杜鹃花亚组 subsect. Fortunea

***Rhododendron oreodoxa* Franch.**

植株： 常绿灌木或小乔木，高1.5~3米。

叶： 叶片长4.5~10厘米，宽2~4厘米，、成熟叶两面无毛，背面淡白绿色，表皮具乳突，表面深绿色。

花： 花序有6~12花；花萼小，长1~3毫米，边缘具6~7枚宽卵形至宽三角形浅齿，外面多少被有腺体；花冠钟形，长3.5~4.5厘米，淡粉红色，内面无毛或被柔毛，有或无紫色斑点，裂片6~8；花柱较花冠稍短或近等长，无毛或密被腺体；花丝基部无毛或略有白色微柔毛，子房无毛或被有柄腺体；花期4~5月。

分布： 产于甘肃、湖北、重庆和四川，本次调查发现地为汶川县、宝兴县、大邑县、天全县和小金县。

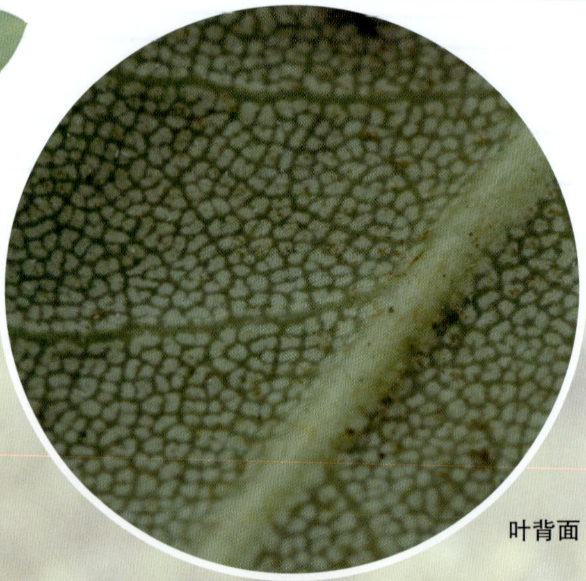

叶背面

叶表面

幼枝

叶芽和花芽

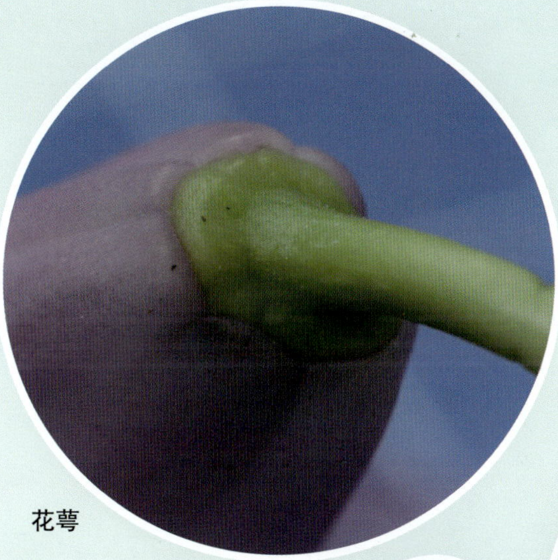

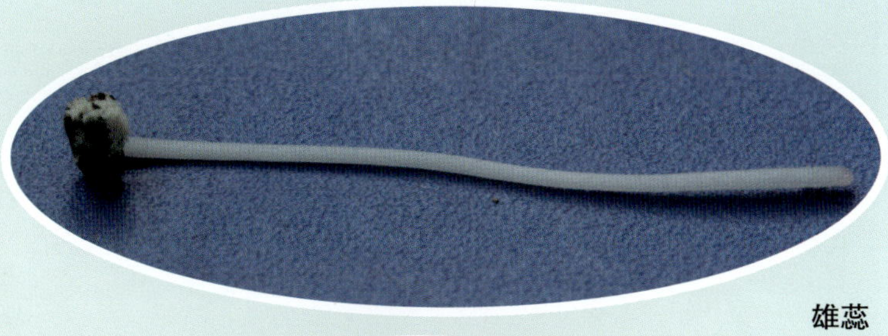

雄蕊

花萼

雌蕊

幼果

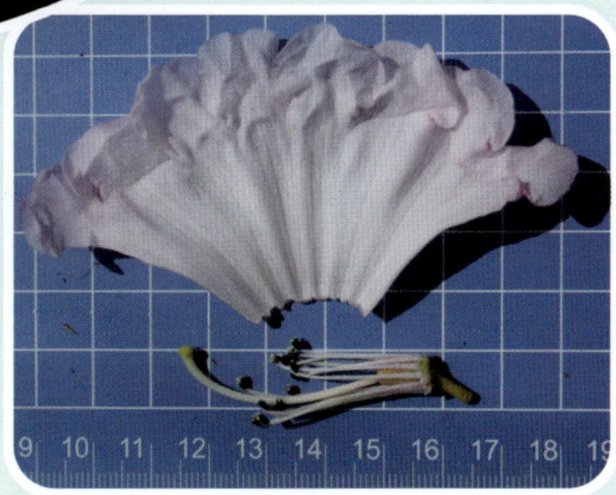

开裂果实

花部标尺照

粉红杜鹃花(变种)

云锦杜鹃花亚组　subsect. Fortunea

Rhododendron oreodoxa **Franch. var.** ***fargesii*** **（Franch.）Chamb. ex Cullen et Chamb.**

本变种与原变种的区别：子房具有柄腺体；花冠通常有6~7枚裂片。产于甘肃、陕西、湖北和四川，本次调查发现地为汶川县天台山和小金县海子沟。

叶背面

叶表面

花芽和叶芽

花萼

雄蕊

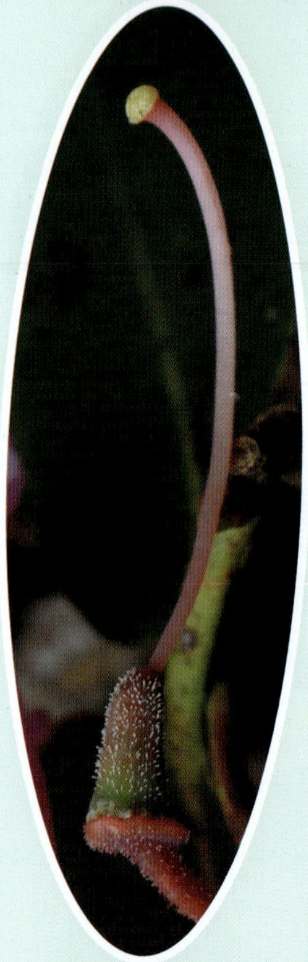
雌蕊

幼果

花部标尺照

亮叶杜鹃花

云锦杜鹃花亚组 subsect. Fortunea

***Rhododendron vernicosum* Franch.**

植株： 常绿灌木或小乔木，高1.5~5米。

叶： 叶片长5~12.5厘米，宽3~5厘米，成熟叶两面无毛，背面淡白灰绿色，表面深绿色，具蜡质。

花： 花序有6~10花；花萼小，裂片7（~8），外面和边缘密被腺体；花冠宽漏斗状钟形，长3.5~5厘米，淡粉红色或白色带粉红色，裂片7；花丝无毛，子房密被短柄腺体；花柱通体被近无柄腺体；花期5月。

分布： 产于四川、云南和西藏，本次调查发现地为小金县。

叶背面

幼叶

花萼

花冠背面

雄蕊

子房

花部标尺照

团叶杜鹃花

云锦杜鹃花亚组 subsect. Fortunea

Rhododendron orbiculare **Decne.**

植株：灌木，高1~2米。

叶：叶片长5.5~11厘米，宽5.5~12厘米，成熟叶两面无毛，表面深绿色，下面淡绿色至灰白色，在放大镜下可见有小毛残点。

花：花序有3~15花；花萼小，长1~1.5毫米，边缘波状，被腺体；花冠钟形，长3~4厘米，粉红色、玫瑰色或颜色更深，外面无毛，裂片7；雄蕊14，花丝无毛或多少被柔毛；子房密被腺体；花柱无毛或被腺体；花期5~6月。

分布：产于四川，本次调查发现地为汶川县五一棚和天全县喇叭河自然保护区以及二郎山。

花苞

叶背面小毛残点

叶芽

花萼

花冠内面

雄蕊

子房

幼果

花部标尺照

腺果杜鹃花

云锦杜鹃花亚组 subsect. Fortunea

Rhododendron davidii **Franch.**

植株：常绿灌木或小乔木，高2~5米。

叶：叶片长8~25厘米，宽3~4.5厘米，成熟叶两面无毛，表面深绿色，下面淡绿色，具蜡质。

花：花序有6~12花；花萼小，盘状，6~8小齿裂，外面具有柄腺体；花冠阔钟形，长3.5~4.5厘米，粉紫色或紫红色，内面具更深色斑点，外面散生短柄腺体，裂片7~8；雄蕊14~16，花丝无毛；子房密被有柄腺体；花柱无毛或在基部有少数短柄腺体；花期3~4月。

分布：产于四川和云南，本次调查发现地为汶川县三江镇和大邑县黑水河自然保护区。

叶表面

叶背面

幼枝

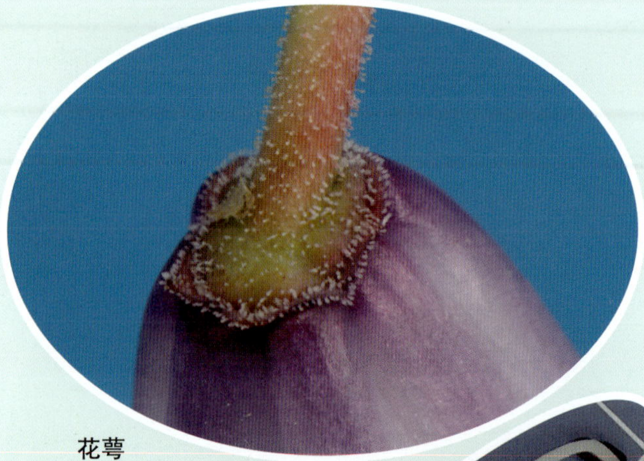

花萼

花冠背面

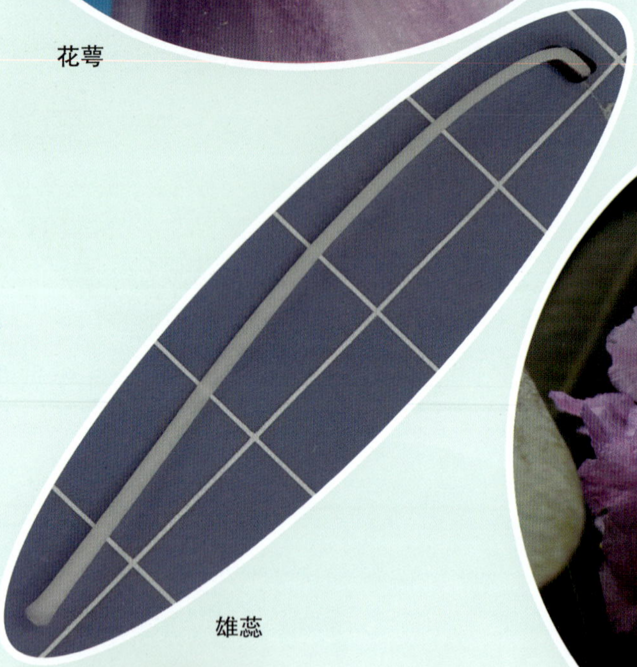

雄蕊

花部标尺照

子房和花柱基部腺体

幼果

大叶杜鹃花亚组

subsect. Grandia Sleumer

大型灌木或乔木；高2~10米，稀更高。叶大型，厚革质，下面有一层或两层薄毛被，通常下层毛被为紧贴泥膏状，上层毛被紧贴或稍疏松，银灰色或淡黄褐色，成熟叶表面无毛。花序宽大，多花，总轴粗壮，通常伸长；花萼小，5~8裂；花冠肉质，宽钟状，基部多少偏斜，稀为漏斗状，基部有或无深色蜜腺囊，7~10裂。雄蕊12~20，花丝无毛或有时被柔毛。子房6~20室，被毛或腺体或无毛；花柱无毛。蒴果大型。

本书本亚组包括1种：无柄杜鹃花。

无柄杜鹃花 大叶杜鹃花亚组 subsect. Grandia

Rhododendron watsonii **Hemsl.**

植株： 常绿灌木或小乔木，高1.5~3米。

叶： 叶片长10~23厘米，宽4~10厘米；叶表面暗绿色，无毛，背面被银白色至带淡棕色紧密黏结状薄层毛被；叶柄粗短，平坦，两侧具翅。

花： 花序有12~15花；花萼小，具7个宽三角形小齿裂，散生绒毛；花冠钟形或宽钟形，长3.5~4厘米，白色微带粉红色，内面基部具深红色斑，7裂；花丝下半部被白色微柔毛，子房无毛；花期5月。

分布： 产于甘肃和四川，本次调查发现地为汶川县野牛沟、宝兴县夹金山和大邑县黑水河自然保护区。

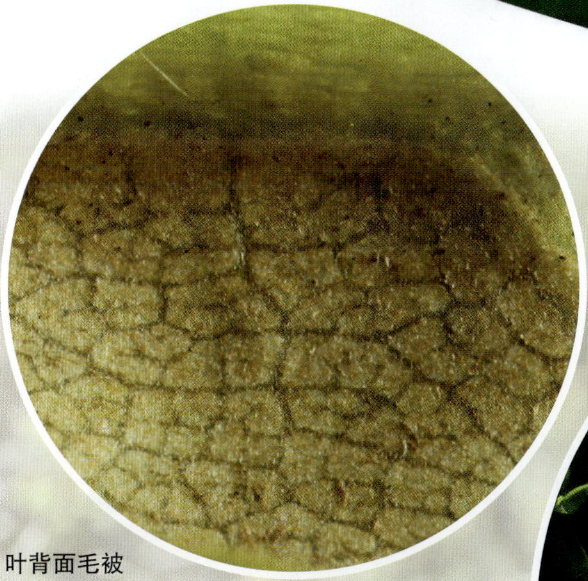

叶背面毛被

幼枝

叶柄

叶芽

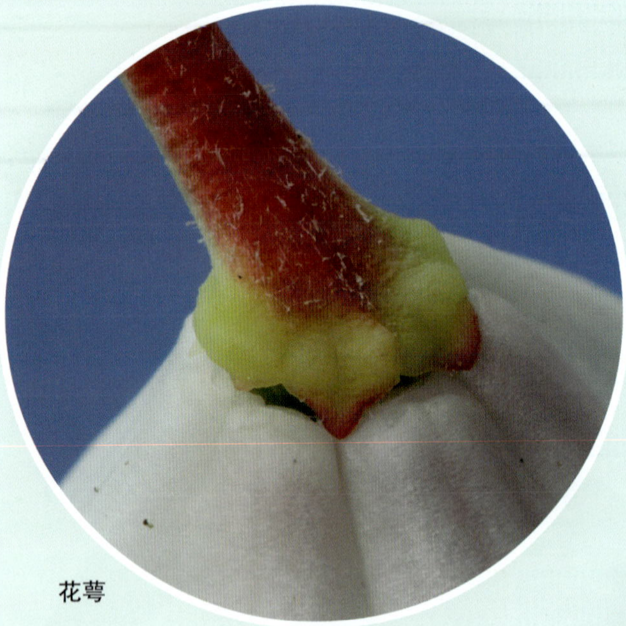
花萼

花丝基部毛

子房

花序轴

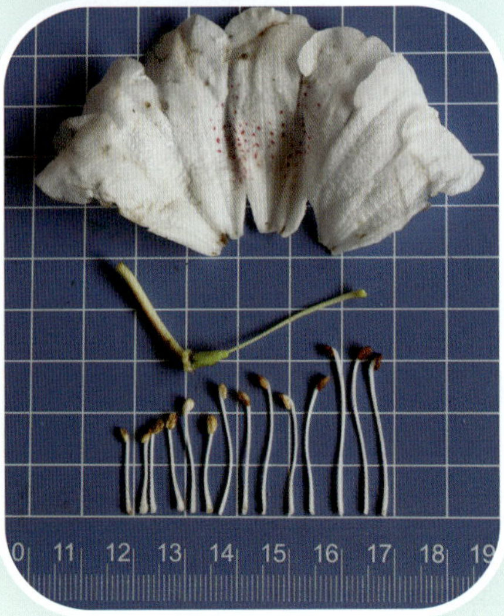

花部标尺照

杯毛杜鹃花亚组
subsect. Falconera Sleumer

大灌木或小乔木，高3~10米。幼枝粗壮，通常被绒毛。叶片革质，大型，椭圆形、长圆状卵圆形、卵圆形、倒卵圆形或倒披针形，长7~45厘米，宽3~15厘米，表面初被毛，成熟后脱落或部分脱落，背面密被2层毛被，毛淡黄褐色、褐色、深红褐色或锈色，上层毛被杯状或漏斗状，下层毛被薄而紧贴，泥膏状，灰白色或淡黄褐色，叶柄长1.5~6.5厘米，被绒毛或罕无毛，无腺体。总状伞形花序，有15~25花；花轴长1~6厘米，被绒毛；花梗长1.5~6厘米，被绒毛，无腺体或有时被短柄腺体；花萼小，长1~3毫米，密被绒毛；花冠漏斗形、漏斗状钟形或为一侧膨出的斜钟形，7~10裂，罕5裂，长3~6厘米，白色、淡黄色、白色淡粉红色或深紫红色，基部具紫红色斑块，无蜜腺囊。雄蕊15~18，较花冠和花柱短。子房圆锥形，7~8室，被绒毛或腺体，稀无毛，花柱无毛。蒴果圆柱状，被毛。

本书本亚组包括1种：乳黄叶杜鹃花。

乳黄叶杜鹃花

杯毛杜鹃花亚组 subsect. Falconera

Rhododendron galactinum **Balf. f. ex Tagg**

植株：常绿灌木或小乔木，高2~3米。

叶：叶片长15~25厘米，宽5~8厘米，叶表面深绿色，成熟后无毛，背面2层毛被，上层褐色或淡褐色，狭漏斗形，下层毛被紧贴，灰白色，泥膏状。

花：花序有10~15花；花萼小齿状裂，长约1毫米，外面被柔毛；花冠管状钟形，长3~5厘米，粉红色、淡玫瑰色或淡紫红色，内面具一红色斑块，上方有深红色斑点，7~8裂；花丝基部有短柔毛，子房无毛；花期4~5月。

分布：产于四川，本次调查发现地为汶川县巴朗山和宝兴县蚂蝗沟。

叶背面毛被

幼枝和叶芽

花萼

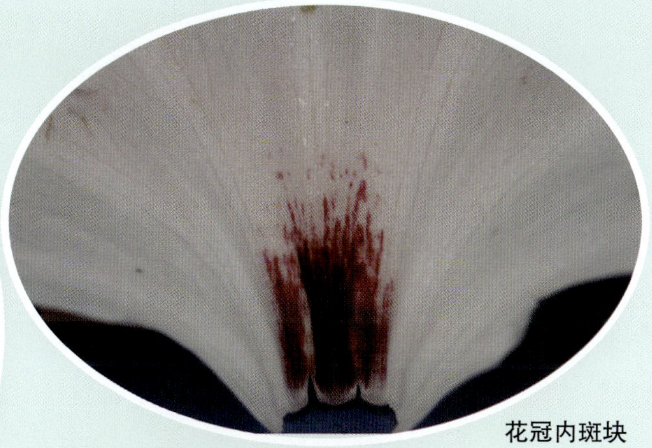

花冠内斑块

雄蕊

子房

花部标尺照

麻花杜鹃花亚组
subsect. Maculifera Sleumer

灌木或小乔木，茎和小枝皮粗糙。幼枝被绒毛、刚毛、刚毛状腺体或或腺体刚毛。叶片长圆形、长圆状披针形、披针形至倒披针形，先端急尖，有小尖头，叶背面多少具有宿存或脱落的绒毛，有时具短糙绒毛，毛沿中脉更多。花序疏松或稠密，有5~15花；总轴长2~20毫米，有或无毛；花萼不明显至发育，外面和边远有或无腺毛；花冠宽钟形、漏斗状或管状钟形，白色、粉红色至深红色，内面通常有深色斑块或斑点，稀具5枚深色蜜腺囊，裂片5。雄蕊10，稀12~14，较花冠和花柱短。子房被绒毛或有柄腺体，稀无毛；花柱无毛或罕在基部被柔毛，稀有腺体。果长圆形、长圆状卵形或细长圆柱形，毛残存至完全脱落。

本书本亚组包括5种（亚种/变种）杜鹃花。

麻花杜鹃花亚组分种检索流程图

麻花杜鹃花亚组

- 幼枝和叶柄被刚毛、腺头刚毛、绒毛、腺体或无毛存；叶芽鳞脱落，稀少量宿存。
  - 幼枝和叶柄被刚毛状腺体或腺头刚毛，且叶柄散生分枝绒毛；叶背面多少被毛；花冠基部具蜜腺囊。
    - 叶背面多少被宿存腺头刚毛，毛沿中脉更密；花冠深红色。**芒刺杜鹃花**
    - 叶背面无毛，仅沿中脉被腺头刚毛，花冠粉红色至玫红色。**紫斑杜鹃花**
  - 幼枝和叶柄无毛或多少被毛；无刚毛或腺头刚毛。
    - 成熟叶背面无毛。**川西杜鹃花**
    - 成熟叶背面近中脉被短分枝毛，沿中脉毛密被。**绒毛杜鹃花**
- 幼枝和叶柄被锈红色、红褐色或黄褐色糙状绒毛，毛多少宿存；叶芽鳞宿存。**长鳞杜鹃花**

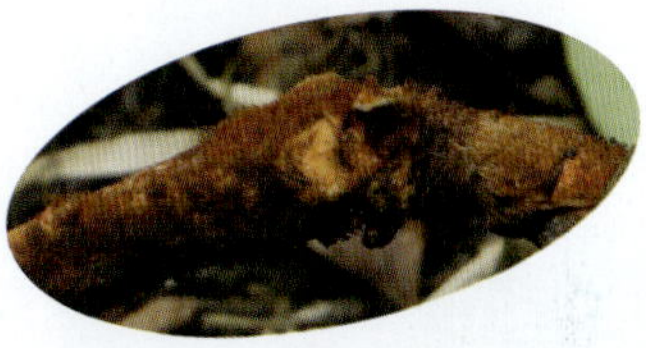

长鳞杜鹃花

麻花杜鹃花亚组　subsect. Maculifera

***Rhododendron longesquamatum* Schneid.**

植株：灌木，高1~3米。

叶：叶片长5.5~15.5厘米，宽2~4.5厘米；叶表面暗绿色，初被短柄腺体和锈色绒毛，毛沿叶脉宿存，成熟叶背面淡黄绿色，沿中脉被褐色或茶色糙绒毛。

花：花序有6~12花；花萼大，长6~10毫米，外面具绒毛及腺体，边缘具有柄腺体；花冠宽钟形，粉红色或蔷薇色，内面基部有深色斑块及白色微柔毛；花丝中部以下密被白色微柔毛，子房密被有柄腺体，花柱中部以下具有柄腺体；花期5~6月。

分布：产于四川，本次调查发现地为汶川县巴朗山和大邑县西岭雪山。

叶背面毛

幼枝和叶芽鳞

叶柄

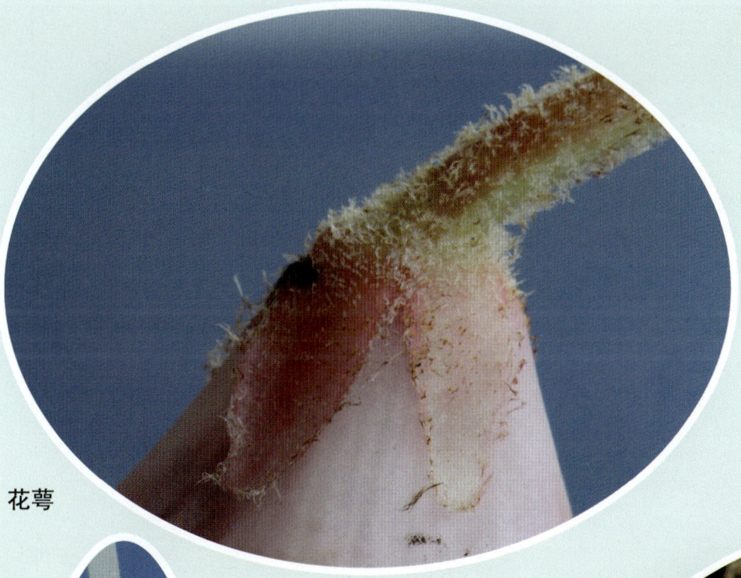

花萼

花冠内毛和斑点

花丝基部毛

子房和花柱毛

花部标尺照

绒毛杜鹃花 麻花杜鹃花亚组 subsect. Maculifera

***Rhododendron pachytrichum* Franch.**

植株：常绿灌木，高1~4米。

叶：叶片长7~14厘米，宽2~4.5厘米，叶表面绿色，成熟后无毛，叶背面近中脉被短分枝毛，沿中脉毛密被。

花：花序有7~10花；花萼小，外面被黄褐色绒毛或无毛；花冠钟形，淡红色至白色，内面基部具深紫色斑块，向上扩展为斑点或无明显斑点；花丝近基部有白色微柔毛，子房密被锈色绒毛；花期5月。

分布：产于陕西、四川和云南，本次调查发现地为小金县、汶川县、宝兴县、大邑县和天全县。

叶背面毛

幼枝

叶芽

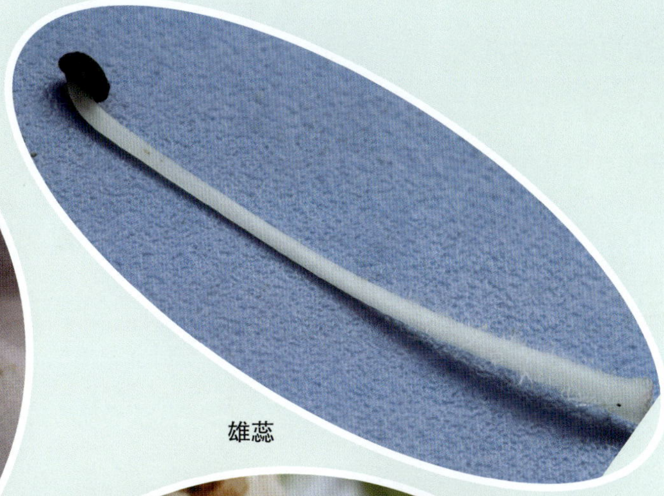

雄蕊

花萼

子房

幼果

花部标尺照

芒刺杜鹃花

麻花杜鹃花亚组 subsect. Maculifera

Rhododendron strigillosum **Franch.**

植株： 常绿灌木，高1.5~3.5米。

叶： 叶片长8~16厘米，宽2~4厘米，成熟叶表面暗绿色，基部或在深凹的中脉基部宿存毛，背面淡绿色，被短腺毛和分枝毛，毛至少在近基部宿存，沿中脉被厚糙绒毛。

花： 花序有8~12花；花萼小，长约2毫米，裂齿5，背面和边缘被腺毛；花冠管状钟形或阔钟形，长4~5厘米，深红色，内面基部有黑红色斑块，基部具5枚深色蜜腺囊或无；花丝无毛，子房密被腺头刚毛；花期5~6月。

分布： 产于四川和云南，本次调查发现地为汶川县天台山和宝兴县。

叶背面毛

幼枝上刚毛

叶柄

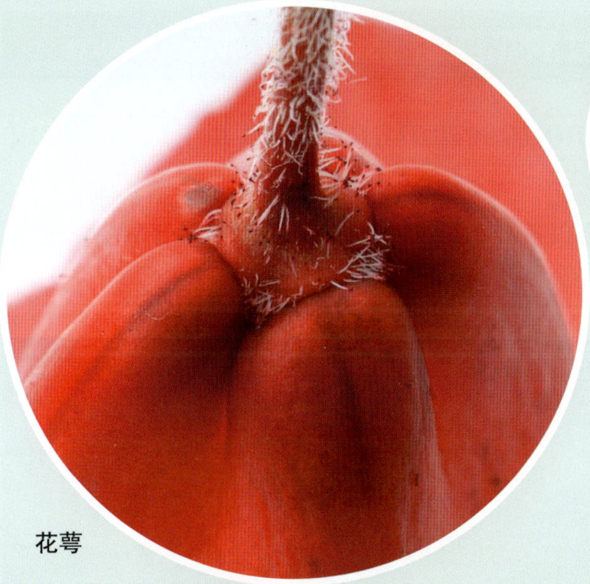

花萼

花冠斑块

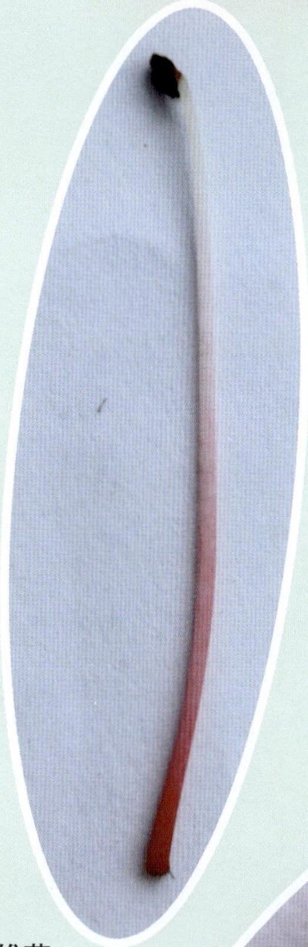

雄蕊

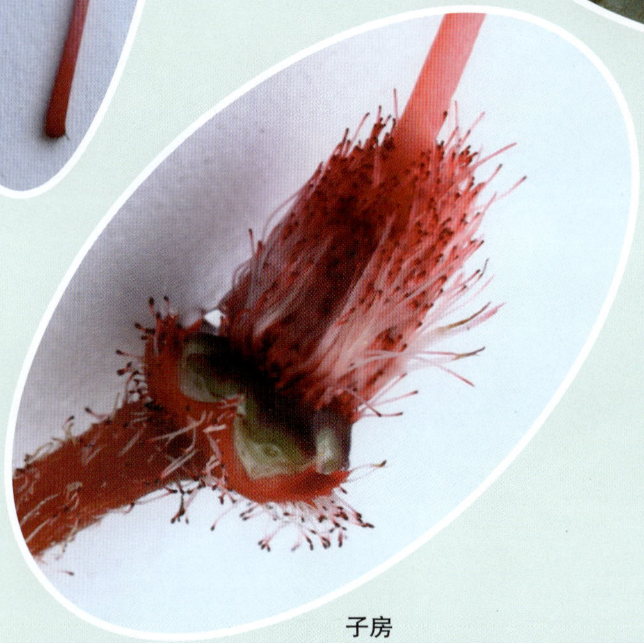

子房

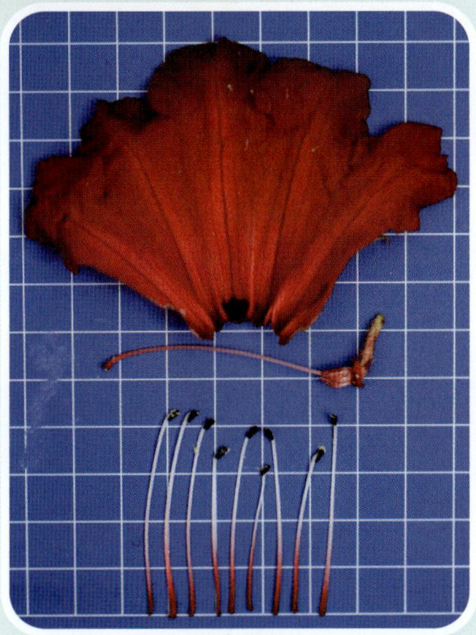

花部标尺照

紫斑杜鹃花(变种) 麻花杜鹃花亚组 subsect. Maculifera

Rhododendron strigillosum **Franch. var.** ***monosematum*** **(Hutch.) T. L. Ming**

不同于芒刺杜鹃的特征：叶背面仅各叶脉上有褐色绒毛，其余无毛，叶柄背面几乎无腺头刚毛；花冠蔷薇色；子房上的腺头粗毛、花丝和花柱的颜色接近于白色。本次调查发现地为汶川县牛坪、大邑县西岭雪山和宝兴县神木垒。

叶背面毛

叶边缘睫毛

幼枝

叶芽和叶柄

花萼

斑块

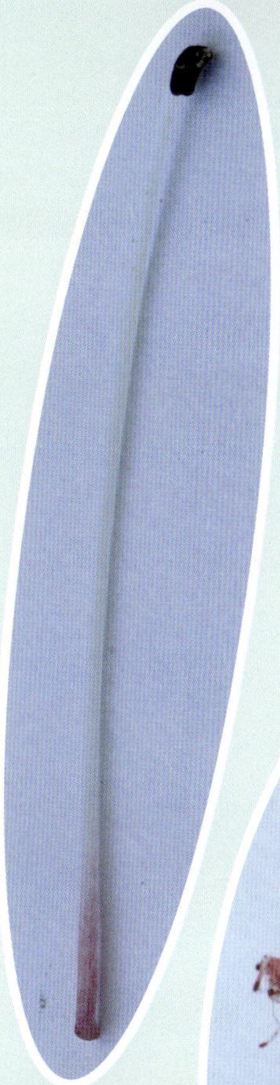

雄蕊

子房

花部标尺照

川西杜鹃花

麻花杜鹃花亚组 subsect. Maculifera

***Rhododendron sikangense* Fang**

植株：小乔木或灌木，高2~5米。

叶：叶片长7~15厘米，宽2.5~6厘米；成熟叶两面无毛，背面淡绿色，表面绿色。

花：花序有6~15花；花萼长约2毫米，外面被柔毛，边缘有时被腺毛；花冠钟状，长3~5厘米，白色或淡紫红色至粉红色，有深紫色斑点；花丝基部有开展的短柔毛，子房被绒毛，有或无腺体；花期5~6月。

分布：产于四川，本次调查发现地为天全县二郎山。

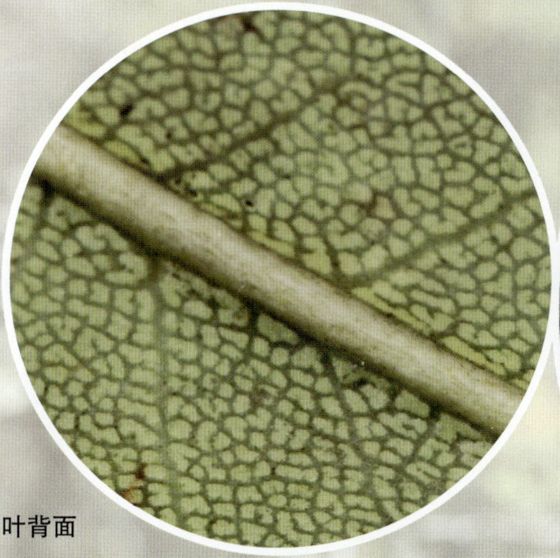

叶背面

叶芽

幼枝

花萼

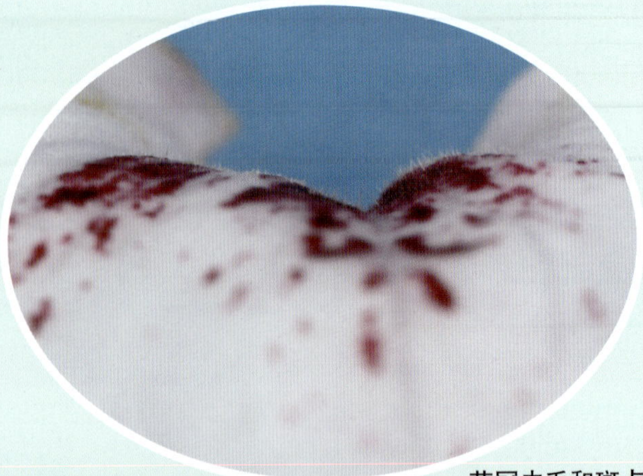

花冠内毛和斑点

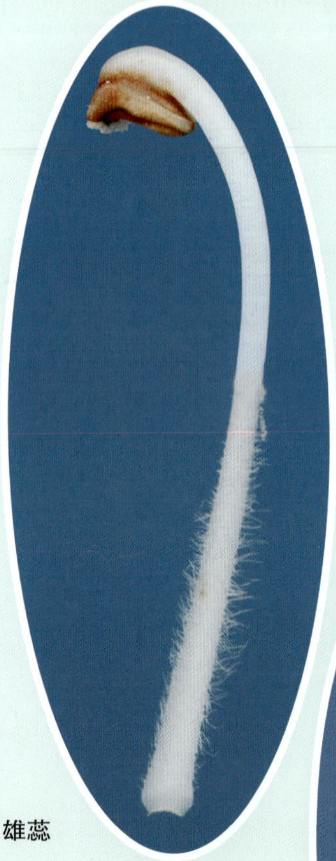

雄蕊

子房

花部标尺照

银叶杜鹃花亚组
subsect. Argyrophylla Sleumer

灌木，高1~5米。幼枝被脱落的薄层绒毛。叶通常在当年生小枝先端集生，叶片质地较厚，通常硬革质，长圆状披针形、披针形、倒披针形、椭圆状披针形，背面毛被1~2层，银白色或灰白色，外形呈石膏状、薄毡状或羔皮状，有或无腺毛。花序松散或密集，4~20花，有时更多；花梗细长，稀粗而短；花萼小；花冠漏斗状钟形、钟形或有时为管状钟形，基部通常狭窄，颜色多变，但无黄色，除大钟杜鹃花和短柄杜鹃花外，内面基部无蜜腺囊，5裂。雄蕊10~15，稀更多，较花冠和花柱短，花丝有或无毛。子房5~10室，被绒毛或稀无毛，有或无腺毛；花柱被腺毛至顶部或光洁。蒴果圆柱状，直立或常微弯曲，通常被绒毛，有或无短柄腺毛。

本书本亚组包括5种（亚种/变种）杜鹃花。

银叶杜鹃花亚组分种检索流程图

银叶杜鹃花亚组

叶片上面平坦，不成泡状粗皱纹，下面有不呈绵毛状，通常紧贴的毛被；花梗长（1~）2~4 厘米。

叶片上面成泡状粗皱纹，下面有绵毛状毛被；花梗长 1~1.5 厘米，密被绒毛。
繁花杜鹃花

叶下面有淡棕色或泥灰色毛被；花序总轴、花梗和子房均密被腺体；花柱被腺体直到顶端。
反边杜鹃花

叶下面有银白色或灰白色毛被。

叶长 7~15 厘米，宽 2~4 厘米；花梗被从卷毛或脱落。

叶下面有两层毛被，上层毛被疏松，灰白色；花梗疏被绒毛和腺体。
岷江杜鹃花

叶片较小，下有淡棕色或淡黄色的毛被；子房仅被疏短毛。
峨眉银叶杜鹃花

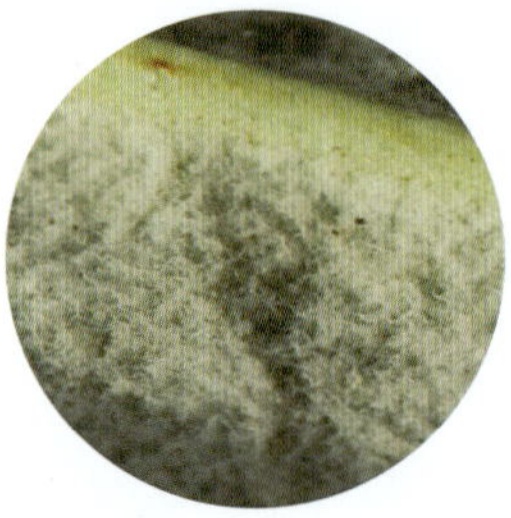

叶长 8~13 厘米，宽 2~4 厘米，下面有银白色的薄毛被；子房有白色绒毛。
银叶杜鹃花

繁花杜鹃花

银叶杜鹃花亚组 subsect. Argyrophylla

Rhododendron floribundum **Franch.**

植株：灌木或小乔木，高2~5米。

叶：叶片长5~20厘米，宽2~6厘米，成熟叶表面绿色，呈泡泡状隆起，有明显的皱纹，无毛，背面具2层毛被，上层为灰白色或淡黄褐色绵毛状分枝绒毛，下层毛被灰白色，泥膏状。

花：花序有8~12花；花萼小，外面和边缘被从卷毛；花冠宽钟状，淡紫红色、粉红色，长3.5~5厘米，筒部有深紫色斑点，5~6裂；花丝无毛或在基部散生柔毛，子房被白色绢状毛；花期5月。

分布：产于四川，本次调查发现地为宝兴县和天全县。

叶背面毛被

叶表面

幼枝

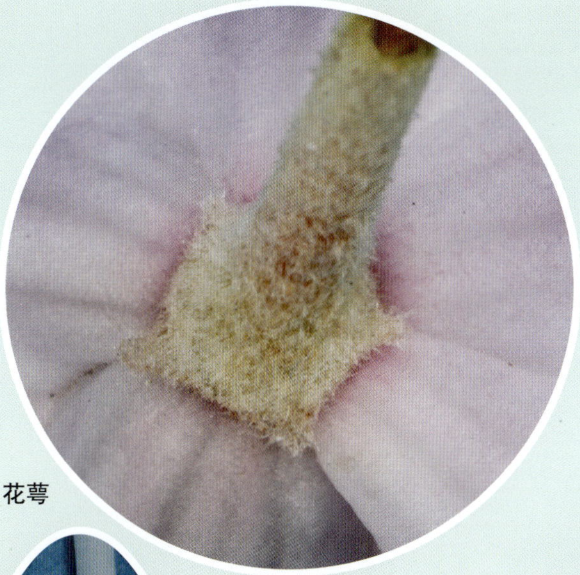

花萼

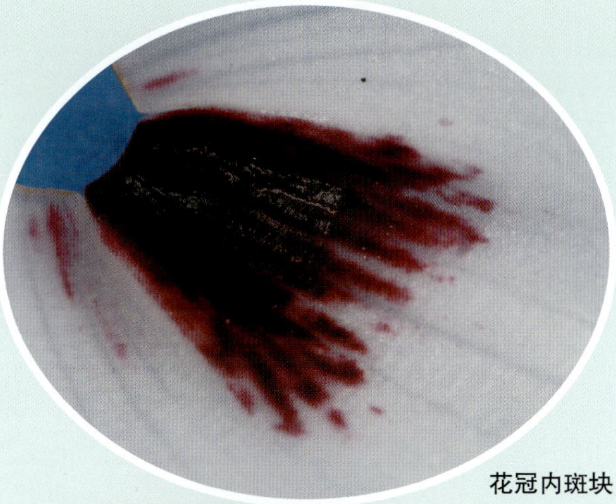

花冠内斑块

花丝基部毛

子房

花部标尺照

反边杜鹃花

银叶杜鹃花亚组 subsect. Argyrophylla

***Rhododendron thayerianum* Rehd. et Wils.**

植株： 常绿灌木，高1.5~3米。叶芽鳞苞片宿存2~3年。

叶： 叶片长6~20厘米，宽1.5~3厘米；叶表面深绿色，幼时有毛，以后无毛而有光泽，背面毛被薄，泥膏状或薄毡状，银灰色、淡褐色或淡黄褐色，1层，沿中脉被厚绒毛和有柄腺体。

花： 花序有10~20花；花萼小，长2~4毫米，外面密生腺体；花冠漏斗状钟形或钟形，在2~3厘米，白色或白色带粉红色，有时外面沿花瓣脊为深粉红色或粉红色，内面无斑点；花丝下半部或近基部密被柔毛，子房密被腺体；花期5~6月。

分布： 产于四川，本次调查发现地为宝兴县东拉山大峡谷和大邑县黑水河自然保护区。

叶背面毛被

叶表面

叶芽鳞

花萼

花冠内斑点

雄蕊

子房

花部标尺照

岷江杜鹃花

银叶杜鹃花亚组　subsect. Argyrophylla

Rhododendron hunnewellianum **Rehd. et Wils.**

植株： 灌木，高1.5~5米。

叶： 叶片长7~25厘米，宽1.5~2.5厘米；成熟叶表面深绿色，无毛，背面有灰白色或白色毛被，上层松散的绵毛状分枝绒毛，下层毛被灰白色，薄毡状或泥膏状。

花： 花序有5~7花；花萼小，边缘被柔毛；花冠漏斗形、漏斗状钟形或宽钟状，长4~5厘米，直径4~5厘米，白色带粉红色、淡蔷薇色或淡粉紫色，筒部有紫色斑点，内面密被柔毛；花丝基部微有毛，子房密被灰白色或淡黄褐色绒毛；花期5月。

分布： 产于四川和甘肃，本次调查发现地为汶川县和宝兴县。

叶背面毛被

叶表面

幼枝

花萼

花冠内毛

雄蕊

子房

花部标尺照

银叶杜鹃花

银叶杜鹃花亚组 subsect. Argyrophylla

Rhododendron argyrophyllum **Franch.**

植株： 常绿小乔木或灌木，高1.5~3米。

叶： 叶片长6~18厘米，宽2~4厘米；叶表面幼时微被短绒毛，以后无毛，深绿色，背面被1层薄层银白色毡毛状或泥膏状毛被。

花序： 花序有6~10花；花萼小，5裂，长1~2毫米，外面被从卷毛，边缘有或无毛；花冠漏斗状钟形或阔钟形，长2.5~6厘米，白色、白色带粉红色、粉红色，内面具紫红色或玫瑰色斑点；花丝基部有白色微绒毛，子房具白色或灰白色柔毛或无毛，有或无腺体；花期5月。

分布： 产于重庆、四川、贵州和云南，本次调查发现地为汶川县和宝兴县。

叶背面毛被

叶表面

幼枝

花萼

花序轴

雄蕊

子房

花部标尺照

峨眉银叶杜鹃花（变种） 银叶杜鹃花亚组 subsect. Argyrophylla

***Rhododendron argyrophyllum* var. *omeiense* Rehd. et Wils.**

本亚种与原亚种的主要区别：叶片较小，下有淡棕色或淡黄色的毛被；花冠钟状基部微宽阔；子房仅被疏短毛；花期5月。产于四川西部，本次调查发现地为汶川县正河沟。

叶背面毛被

叶表面

叶芽

幼枝和花序轴

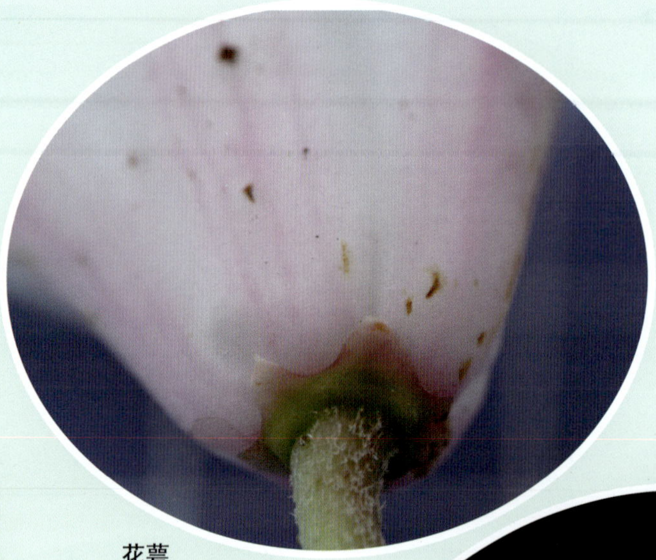

花萼

雄蕊

子房

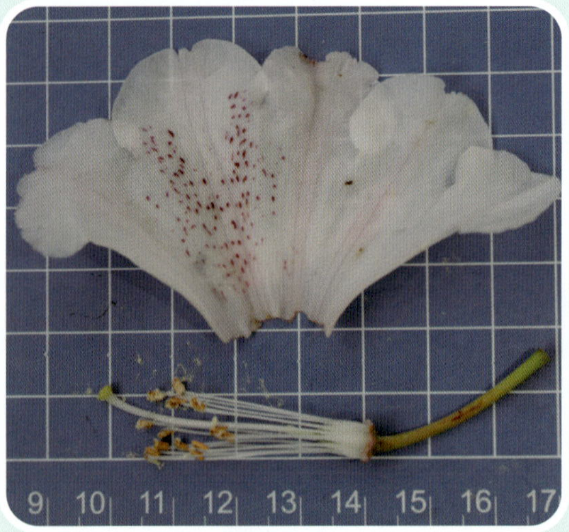

花部标尺照

大理杜鹃花亚组

subsect. Taliensia Sleumer

灌木或小乔木。幼枝无毛或密被绒毛，有或无腺体。叶片革质，成熟叶表面无毛，背面有一层或两层毛被，毛被厚，松散或薄紧贴，上层毛通常为绵毛状分枝绒毛，毛色变化，宿存、脱落或完全脱落。花序顶生，松散或密集，有5~20花；总轴缩短；花萼大型或不发育；花冠5裂，稀6~7裂，钟形或漏斗状钟形，白色、粉红色至蔷薇色或黄色，常具明显的斑点。雄蕊10，稀更多，不等长，最长雄蕊较花冠和花柱短，花丝被毛。雌蕊通常较花冠短或近等长，子房无毛或多少被柔毛；花柱通常无毛，有时被腺体。蒴果通常直立，有时稍弯曲，稀极弯呈镰状。

本书本亚组包括14种（亚种/变种）杜鹃花。

大理杜鹃花亚组分种检索流程图

大理杜鹃花亚组

花萼大，长5~15毫米。

叶下面有一层毛被，毛被海绵质，肉桂色至黄褐色。
腺房杜鹃花

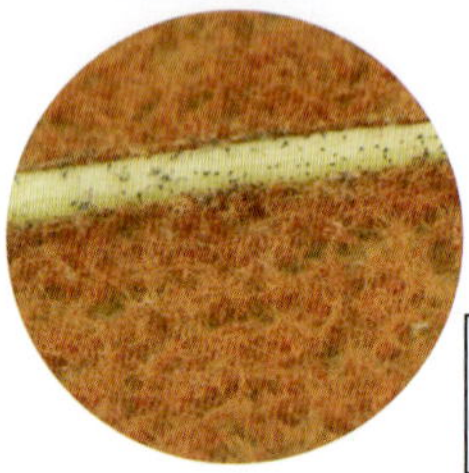

叶下面有两层毛被，上层毛被通常厚，由分枝毛组成，下层毛被薄，紧贴。

叶卵状长圆形，长7~12厘米，宽2.5~4厘米，花冠钟形，长4厘米。
金顶杜鹃花

叶宽椭圆形或椭圆状倒卵形，长7~17厘米，宽4~7厘米，花冠长4~5厘米。
大叶金顶杜鹃花

叶下面毛被不具表膜。

叶下面毛被两层，上层毛被厚而稠密或薄而疏松，由分枝毛组成，下层毛被色淡而紧贴。

叶下面毛被两层。

子房被毛；叶椭圆形或长圆状卵形，长9.5~18厘米，下面有两层毛被，上层毛被厚，锈黄毛至黄棕色，松软，绵毛状，由分枝毛组成，下层毛被紧密，灰白色。
黄毛杜鹃花

子房无毛；叶倒卵形或椭圆状倒卵形，长6~10厘米，下面的上层毛被淡黄色至淡黄棕色，疏松，多少脱落。
巴朗杜鹃花

花萼小，长0.5~3毫米。

叶上面平坦，不呈泡状粗皱纹。

叶下面毛被具表膜。

叶长圆形或椭圆状长圆形，下面毛被一层，白色至黄白色。
雪山杜鹃花

叶片椭圆形，下面毛被厚，初为黄色，后变为深红棕色，呈不规则的块状分裂。
黄毛雪山杜鹃花

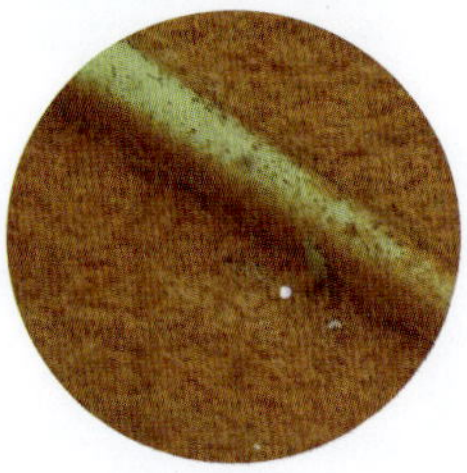

叶上面呈泡状粗皱纹，下面毛被一层，厚而稠密，淡棕色至锈红色，宿存。
皱皮杜鹃花

叶下面毛被一层。

叶下面被由放射状毛或分枝毛组成的薄层细绒毛，黏结或不黏结。

叶片背面毛被厚，有或无腺毛。花冠阔钟形，淡黄色或带白色。花柱无毛。
褐毛杜鹃花

毛被由短分枝毛组成，宿存。

叶下面毛被由具长芒状分枝毛组成，黄棕色至锈黄色，有时灰白色，成长后毛被脱落，变为无毛。
陇蜀杜鹃花

叶下面密被薄层褐色或黄褐色毛被，毛多少黏结，不分裂。
栎叶杜鹃花

叶下面密被茶色或朱红色绒毛，毛呈薄毡状或有时黏结或分裂。

叶片背面毛被薄，无腺毛。花冠漏斗状钟形，白色或粉红色。花柱基部被毛。
汶川褐毛杜鹃花

叶背面毛被薄毡状，连续，不黏结，也不分裂。
毡毛栎叶杜鹃花

叶背面具黏结毛被，有时分裂。
凝毛栎叶杜鹃花

金顶杜鹃花

大理杜鹃花亚组 subsect. Taliensia

***Rhododendron faberi* Hemsl.**

植株：常绿灌木，高1~3米。

叶：叶片长7~17厘米，宽2.5~5厘米，成熟叶表面淡绿色，无毛，背面有两层毛被，上层毛被厚，初为灰白色，后变黄褐色或锈红色，成熟后少量脱落，下层毛被极薄，灰白色，宿存。

花：花序有6~15花；花萼大，长8~12毫米，外面近基部被腺毛和柔毛，边缘具腺头睫毛；花冠漏斗状钟形，长4~5厘米，粉红色，内面基部具紫色斑块和白色短柔毛；花丝基部被柔毛，子房密被红褐色腺体，有时杂有绒毛；花期5月。

分布：产于四川，本次调查发现地为大邑县西岭雪山和汶川县巴朗山。

叶背面毛被

叶表面

幼枝

花萼

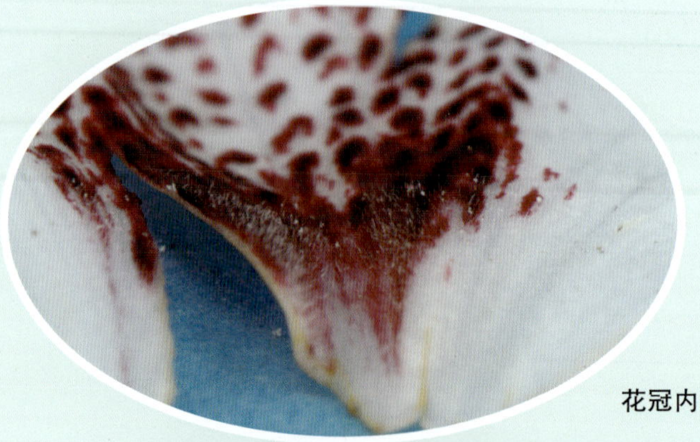

花冠内柔毛

雄蕊

子房

果实

花部标尺照

大叶金顶杜鹃花

大理杜鹃花亚组 subsect. Taliensia

***Rhododendron prattii* Franch.**

植株：常绿灌木，高2~3米。

叶：叶片长7~18厘米，宽4~7厘米，成熟叶表面淡绿色，无毛，背面有两层毛被，上层毛被灰褐色或淡黄褐色，薄，成熟后少量脱落，下层毛薄毡状或泥膏状，灰白色，宿存。

花：花序有12~20花；花萼长7~12毫米，外面近基部被腺毛，边缘无毛或散生毛；花冠长3.5~5厘米，粉红色或有时白色，内面基部具红色或深红色斑块和白色短柔毛；花丝基部被柔毛，子房密被有柄腺体；花柱无毛；花期5~6月。

分布：产于四川，本次调查发现地为汶川县巴朗山和大邑县西岭雪山以及黑水河自然保护区。

叶背面毛被

花序轴和幼枝

花苞

花萼

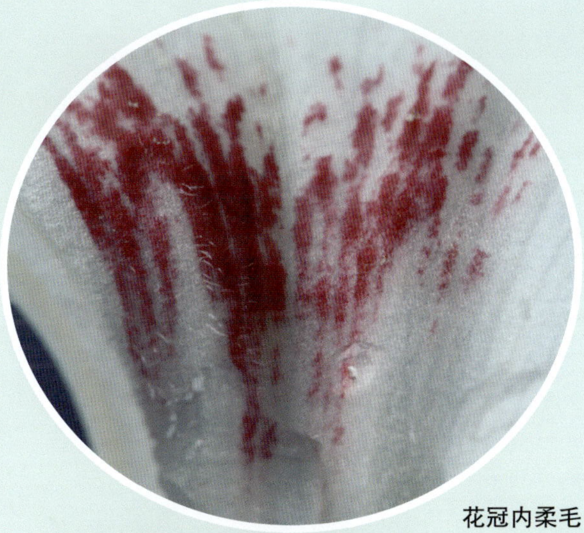

花冠内柔毛

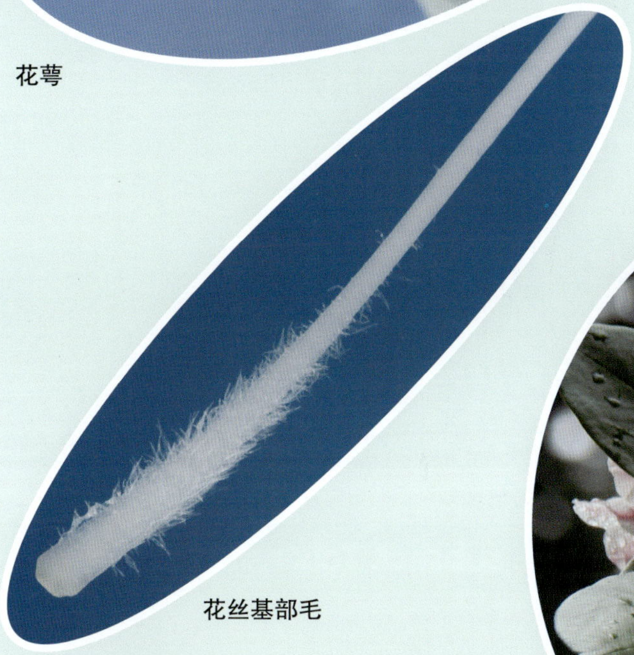

花丝基部毛

子房

果实

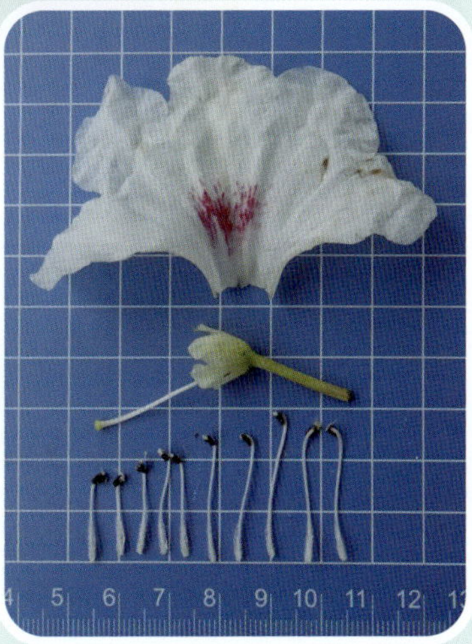

花部标尺照

腺房杜鹃花

大理杜鹃花亚组 subsect. Taliensia

***Rhododendron adenogynum* Diels**

植株：常绿灌木，高1~2.5米。幼枝被灰白色绵毛状绒毛，有时混生有柄腺体，毛多少脱落。

叶：叶片长6~12厘米，宽2~4厘米，成熟叶暗绿色，无毛，背面密被淡褐色、黄褐色或锈红色海绵状绒毛，有时混生有柄腺体。

花：花序有8~12花；花萼大，长1~8毫米或更大型，外面和边缘均具短柄腺体；花冠钟形，长3.5~4.5厘米，白色、红粉色或粉红色，内面具深红色斑点和柔毛；花丝下半部密被微柔毛和腺毛，子房密被短柄腺体；花期5~6月。

分布：产于四川、云南和西藏，本次调查发现地为小金县虹桥沟。

叶背面毛被

叶表面

幼枝和叶芽

花萼

雄蕊

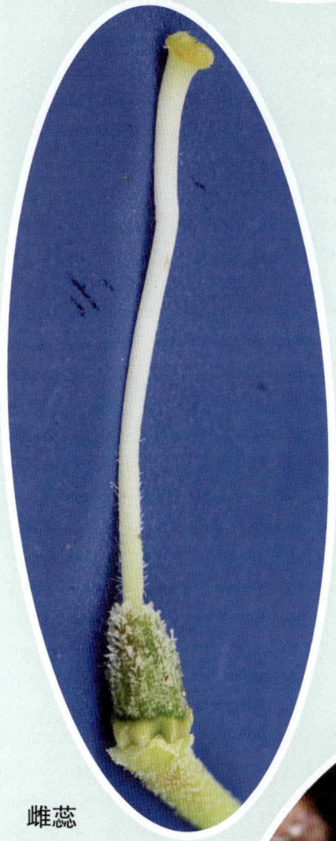

雌蕊

果实

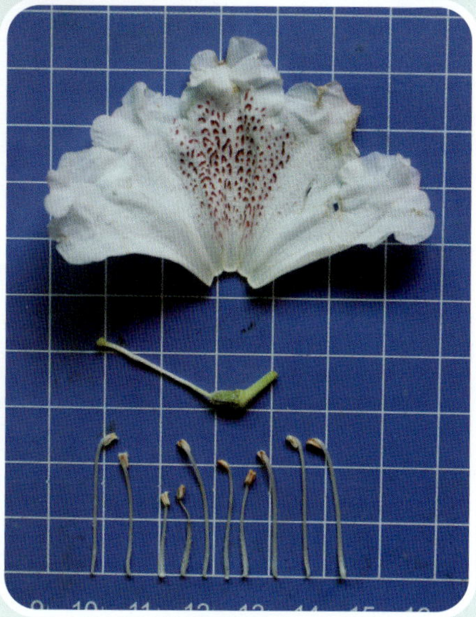

花部标尺照

皱皮杜鹃花 大理杜鹃花亚组 subsect. Taliensia

Rhododendron wiltonii Hemsl. et Wils.

植株：常绿灌木，高1.5~3米。

叶：叶片长5~15厘米，宽2~4厘米，熟叶表面成粗皱纹，变无毛，背面密被一层由分枝绒毛组成的锈红色、淡棕色或深褐色绒毛单层毛被。

花：花序有8~10花；花萼小，长1~3毫米，密被丛卷毛；花冠漏斗状钟形，长3~4厘米，粉红色、淡粉紫色、淡红色或红色，内面具红色或深红色斑点，基部被微柔毛；花丝下半部密被柔毛，子房密被锈红色绒毛，散生有柄腺毛；花期5~6月。

分布：产于四川，本次调查发现地为大邑县黑水河自然保护区和天全县喇叭河自然保护区。

叶背面毛被

幼枝

幼枝

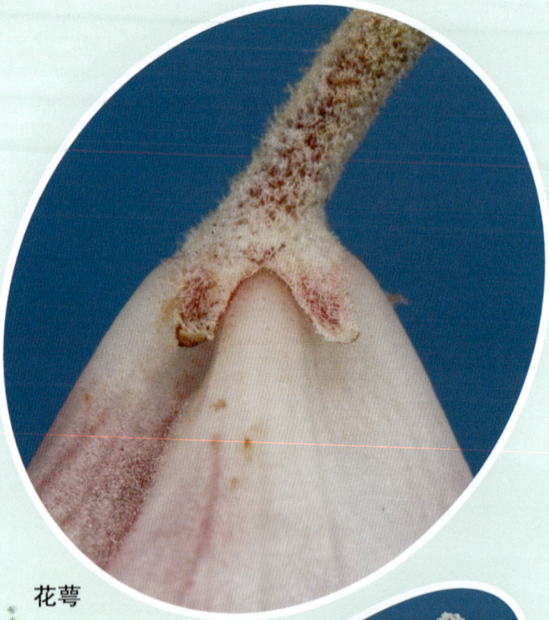

花萼

花冠内毛

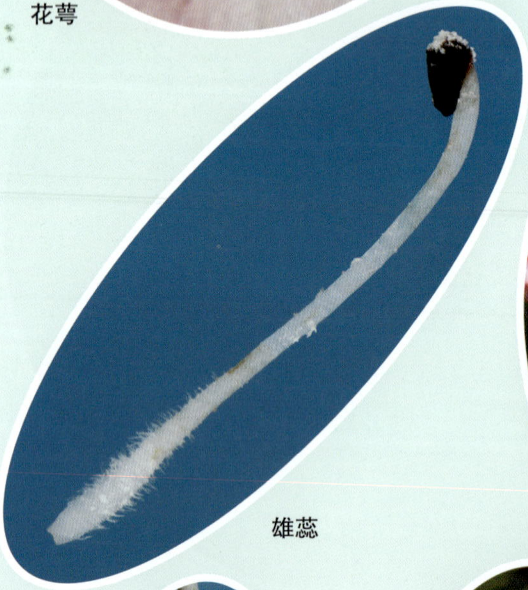

雄蕊

子房

幼果

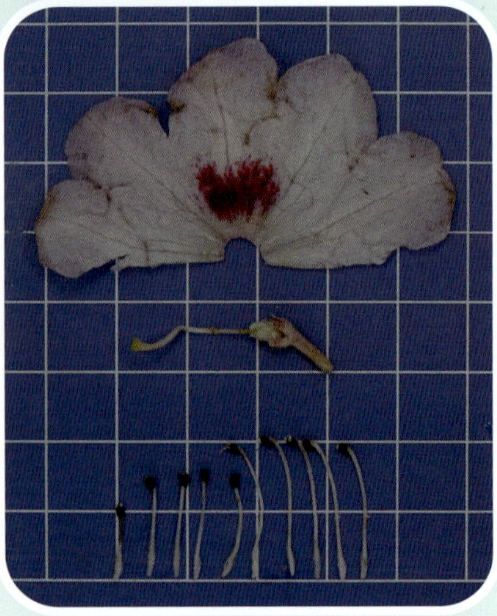

花部标尺照

雪山杜鹃花

大理杜鹃花亚组 subsect. Taliensia

Rhododendron aganniphum **Balf. f. et K. Ward**

植株：常绿灌木，高1~4米。

叶：叶片长5~13厘米，宽2~6厘米，成熟叶表面深绿色，无毛，下面密被绵毛状分枝绒毛，毛被白色、淡黄白色、淡黄褐色或淡褐色，毛被1~2层，有时分裂，宿存、部分脱落或变无毛。

花：花序有10~20花；花萼小，边缘呈波状或具5小齿裂，外面无毛或疏被从卷绒毛，边缘多少具睫毛；花冠漏斗状钟形或钟形，长3~3.5厘米，白色或淡粉红色，内面具紫红色或深紫红色斑点；花丝向基部散生柔毛，子房无毛；花期5~6月。

分布：产于甘肃、青海、四川、云南和西藏，本次调查发现地为汶川县巴朗山和小金县梦笔山。

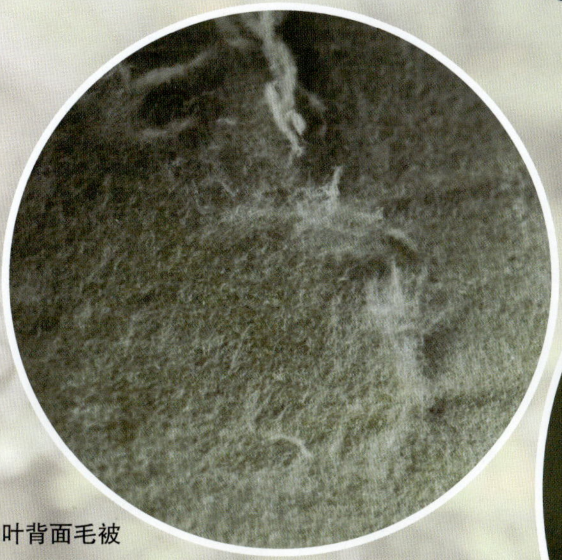

叶背面毛被

叶芽

幼枝

花萼

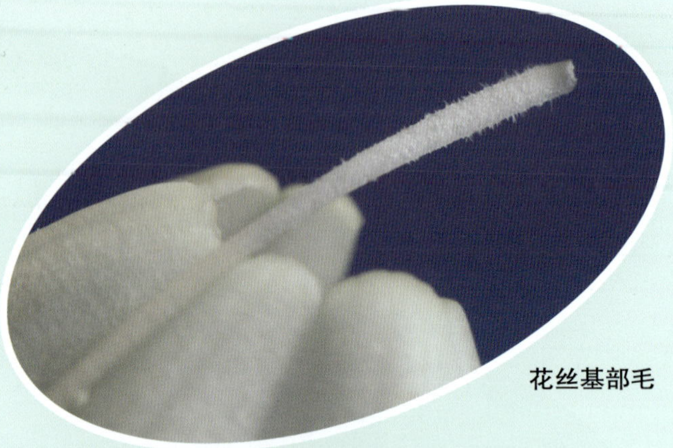

花丝基部毛

子房

果实

花部标尺照

黄毛雪山杜鹃花（变种） 大理杜鹃花亚组 subsect. Taliensia

***Rhododendron aganniphum* var. *flavorufum* (Balf. f. & Forrest) Chamb.**

本变种与雪山杜鹃的区别：叶片椭圆形，下面毛被厚，初为黄色，后变为深红棕色，呈不规则的块状分裂。本次调查发现地为大邑县黑水河自然保护区。

叶背面毛被

叶表面

叶芽

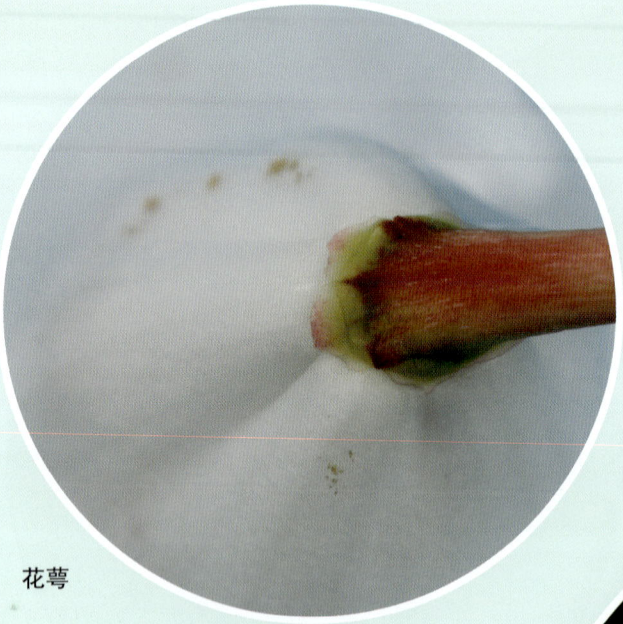

花萼

雄蕊

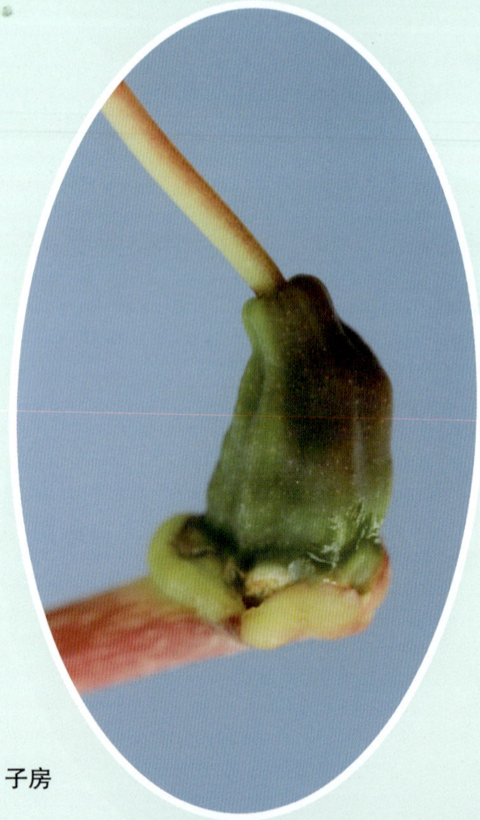

子房

果实

花部标尺照

陇蜀杜鹃花 大理杜鹃花亚组 subsect. Taliensia

Rhododendron przewalskii Maxim.

植株：常绿灌木，高1~3米。

叶：叶片长6~10厘米，宽3~4厘米，成熟叶表面无毛，背面毛被薄毡状或厚绵毛状，1层，灰白色、黄褐色、茶色、锈褐色、深红褐色或深褐色，宿存或脱落。

花：花序有10~15花；花萼小，5小齿裂，长1~1.5毫米，无毛；花冠钟形或漏斗形，长2.5~4.5厘米，白色至粉红色，内面具紫红色斑点；花丝无毛或下半部略被柔毛，子房无毛，稀散生柔毛；花期4~6月。

分布：产陕西、甘肃、青海和四川，本次调查发现地为宝兴县夹金山。

叶背面毛被

毛被裂纹

幼枝

叶芽

花萼

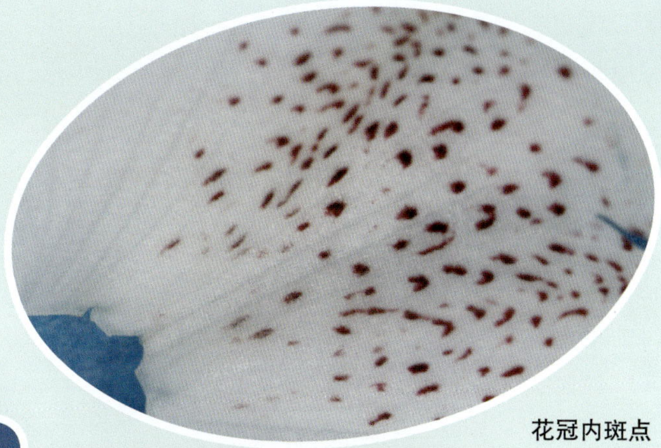

花冠内斑点

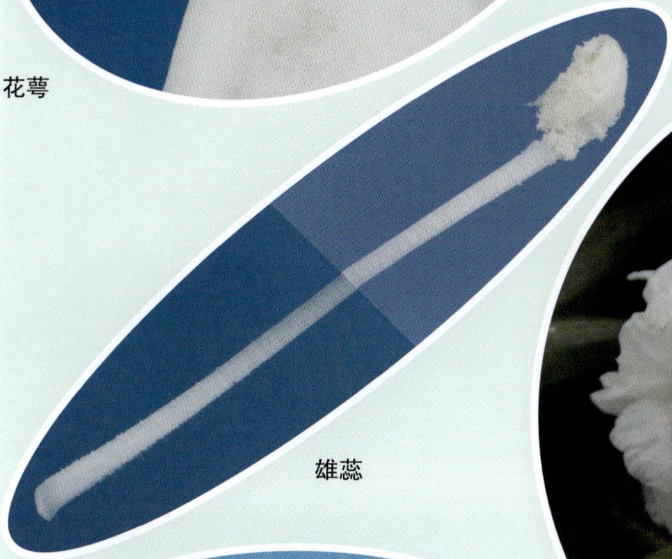

雄蕊

子房

果实

花部标尺照

栎叶杜鹃花

大理杜鹃花亚组　subsect. Taliensia

Rhododendron phaeochrysum **Balf. f. et W. W. Smith**

植株： 常绿灌木，高1~4米。

叶： 叶片长7~14厘米，宽2.5~5厘米，成熟叶表面无毛，背面密被淡褐色、淡黄褐色至淡锈褐色分枝短绒毛，毛紧贴或黏结，呈薄泥膏状或薄毡状。

花： 花序有8~15花；花萼小，边缘波状或具5小齿裂，无毛；花冠漏斗状钟形，长4.5厘米，白色、白色带粉红色、淡粉红色，内面具紫红色斑点，基部被白色微柔毛，裂片5；花丝下半部被白色短柔毛，子房无毛或散生柔毛；花期5~6月。

分布： 产于四川、云南和西藏，本次调查发现地为小金县虹桥沟和梦笔山以及宝兴县夹金山。

叶背面毛被

叶芽

幼果

花萼

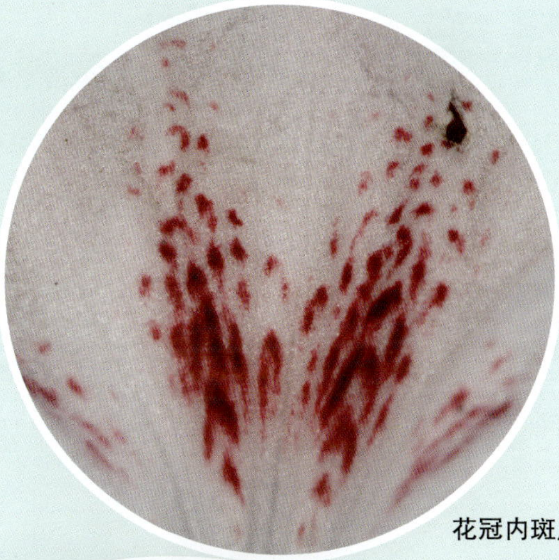

花冠内斑点

雄蕊

子房

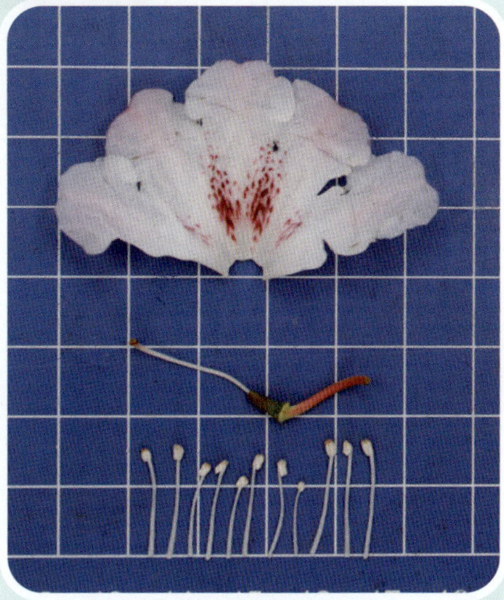

花部标尺照

凝毛杜鹃花（变种） 大理杜鹃花亚组 subsect. Taliensia

Rhododendron phaeochrysum **var. *agglutinatum*** **(Balf. f. & Forrest) Chamb.**

本变种与原变种的区别：幼枝无毛；叶长圆状卵形，长5~8厘米，宽2.5~4厘米，下面毛被黄棕色，黏结，有时呈块状分裂；花较小，花冠长2.3~3.5厘米；蒴果圆柱形，直立；花期5~6月。本次调查发现地为宝兴县夹金山。

叶背面毛被

叶表面

幼枝

花芽

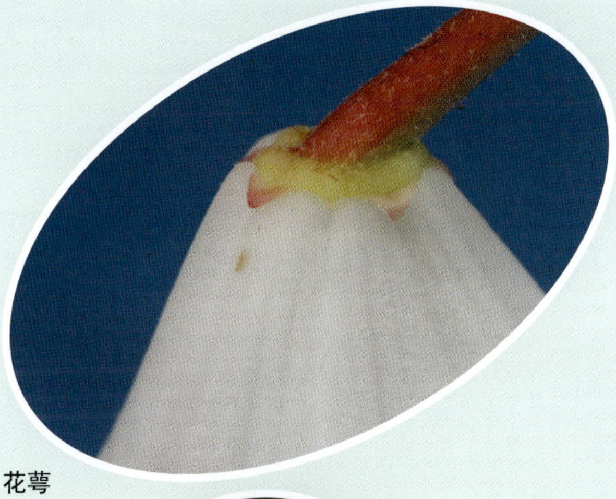

花萼

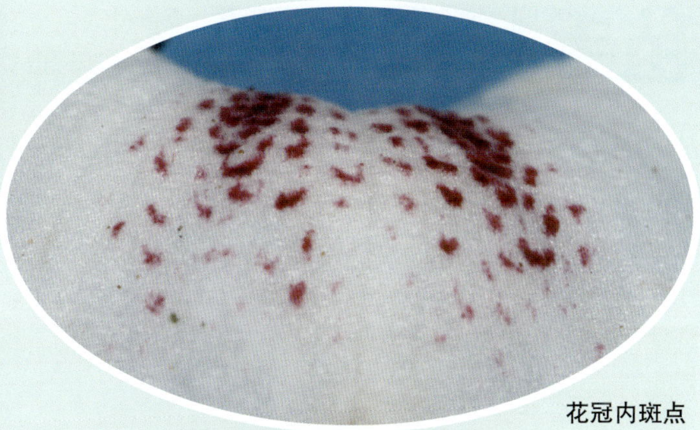

花冠内斑点

花序轴

雄蕊

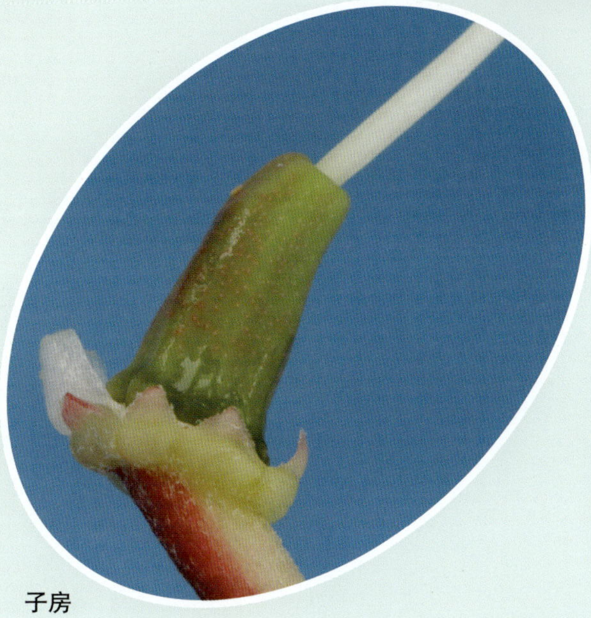

子房

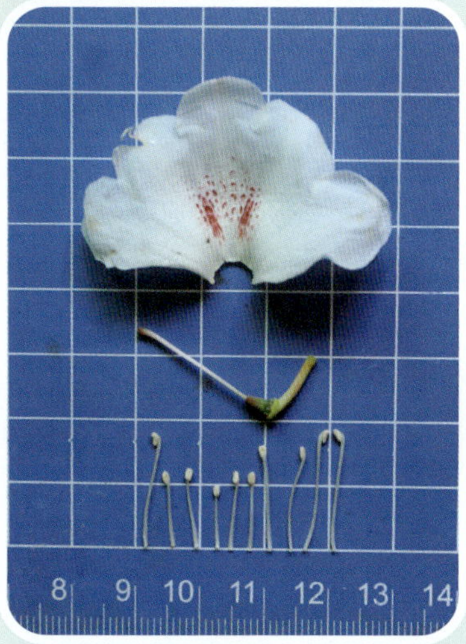

花部标尺照

毡毛栎叶杜鹃花(变种)

大理杜鹃花亚组　subsect. Taliensia

Rhododendron phaeochrysum var. *levistratum* (Balf. f. & Forrest)Chamb.

本变种与原变种的主要区别：叶较小，披针形或长圆状椭圆形，长5~9厘米，宽2~3.5厘米，下面密被黄棕色或肉桂色毡毛状毛被，不粘结；花亦较小，花冠长2~3厘米；有时子房疏被短柔毛。花期5~6月。产于四川，本次调查发现地为宝兴县夹金山。

叶柄

叶背面毛被

叶芽

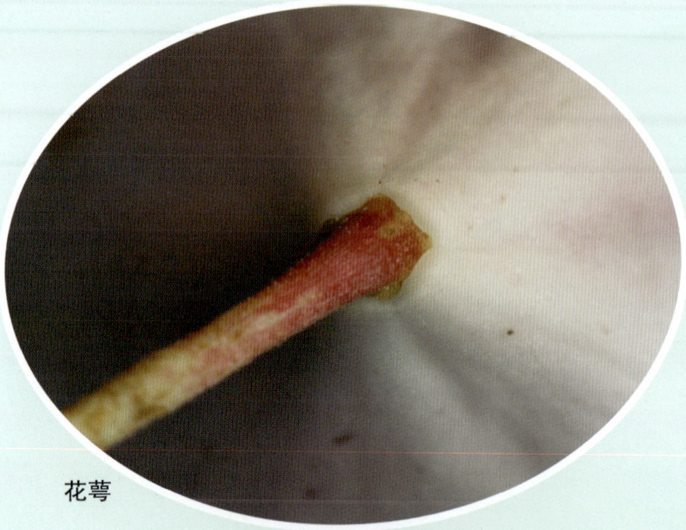

花萼

花序轴

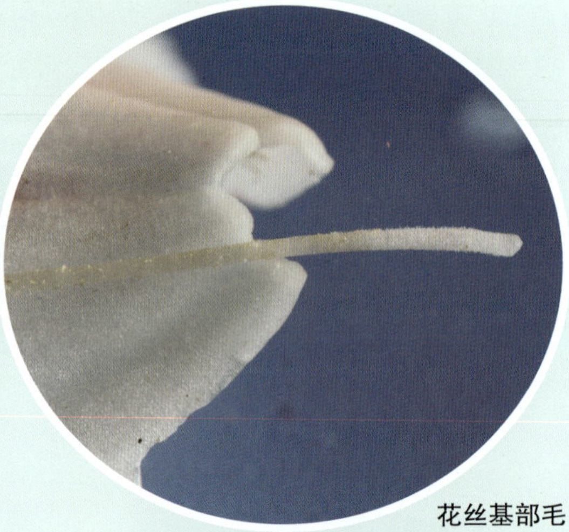

花丝基部毛

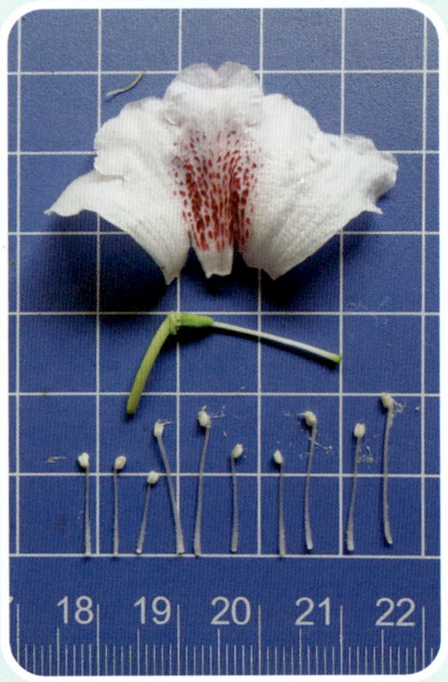

花部标尺照

子房

褐毛杜鹃花

大理杜鹃花亚组 subsect. Taliensia

Rhododendron wasonii **Hemsl. et Wils.**

植株： 常绿灌木，高1~3米。

叶： 叶片长5.5~8厘米，宽2.5~4厘米，成熟叶表面具光泽，深绿色，变无毛，背面密被厚绵毛状毛被，毛被1层，初为灰白色，变红褐色、锈褐色或黄褐色，杂有少量腺毛。

花： 花序有6~10花；花萼小，长约3毫米，裂片5，外面被灰白色或淡黄褐色柔毛；花冠宽钟形或漏斗状钟形，长3.5~4厘米，白色、黄色至粉红色，筒部上方裂片带蔷薇色，具深红色斑点，内面基部被短柔毛，裂片5；花丝下半部被白色微柔毛，子房密被褐色或近白色的长柔毛，花柱无毛；花期5~6月。

分布： 产于四川，本次调查发现地为汶川县、小金县、宝兴县、大邑县和天全县。

叶柄

叶背面毛被

叶表面

幼枝

花萼

花序轴

雄蕊

子房

幼果

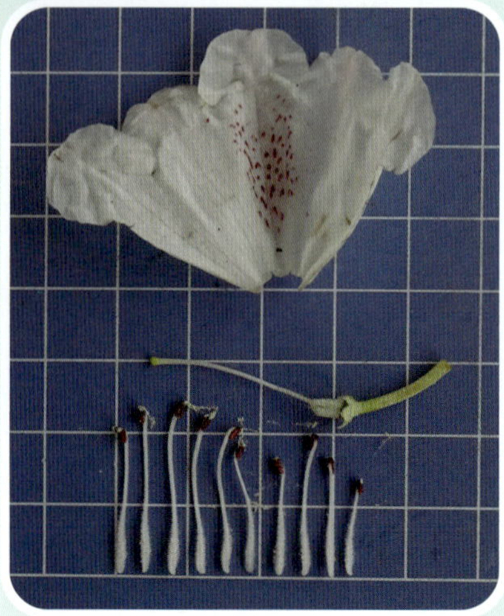

花部标尺照

汶川褐毛杜鹃花(变种) 大理杜鹃花亚组 subsect. Taliensia

Rhododendron wasonii var. *wenchuanense* L. C. Hu

本变种与原变种的区别：叶片下面被薄层暗棕色至金棕色紧密近于黏结的毛被；花较小，花冠漏斗状钟形，粉红色至白色，长2.5~3.5厘米，花柱基部被长柔毛，花期5~6月。产于四川，本次调查发现地为汶川县巴朗山。

叶背面毛被

叶表面

叶柄

幼枝

花萼

花冠内毛

雄蕊

子房和花柱基部毛

花序轴

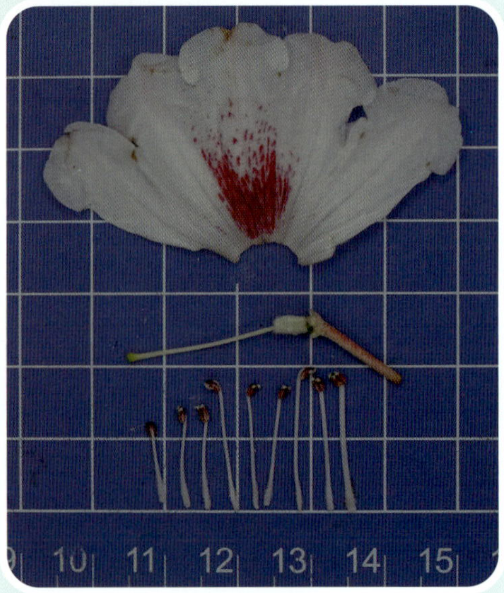

花部标尺照

巴朗杜鹃花

大理杜鹃花亚组 subsect. Taliensia

***Rhododendron balangense* W. P. Fang**

植株： 常绿灌木，高1~3米。

叶： 叶片长6~10厘米，宽3.5~6厘米，成熟叶表面无毛，背面毛被两层，上层毛被淡黄色或淡黄褐色，由厚绵毛状分枝绒毛组成，多少脱落，下层毛被带白色，紧贴而宿存。

花： 花序有13~15花；花萼小，长1~2毫米，外面密被丛卷绒毛；花冠阔钟形，长3.5~4厘米，直径3~3.5厘米，白色，两面无毛；花丝下半部密被白色微柔毛，子房和花柱无毛；花期4~5月。

分布： 产于四川，本次调查发现地为汶川县卧龙自然保护区。

叶背面毛被

幼枝和叶芽鳞

花蕾

花萼

花冠内面毛

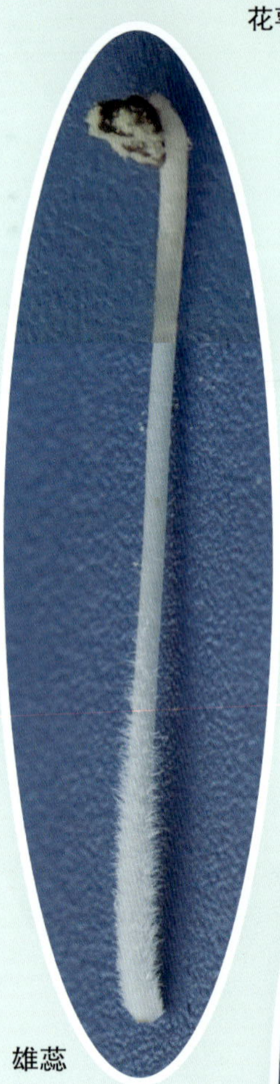
雄蕊

子房

花部标尺照

黄毛杜鹃花

大理杜鹃花亚组 subsect. Taliensia

***Rhododendron rufum* Batalin**

植株： 常绿灌木或小乔木，高1.5~5米。

叶： 叶片长6.5~11厘米，宽3~5厘米，成熟叶表面无毛，背面有两层毛被，上层为厚红褐色、黄褐色或锈红色绵毛状分枝绒毛，下层毛被紧密，灰白色落。

花： 花序有6~11花；花萼不明显，密被灰白色或锈褐色丛卷绒毛；花冠漏斗状钟形，长2~3厘米，白色、粉红色或有时色更深，内面基部被短柔毛，上部裂片具深红紫色斑点；花丝基部被白色柔毛，子房密被灰褐色绵毛状绒毛，有时顶部混生少数短柄腺体；花柱无毛或于基部被少量微柔毛；花期5~6月。

分布： 产于陕西、甘肃、青海和四川，本次调查发现地为汶川县巴朗山和宝兴县夹金山。

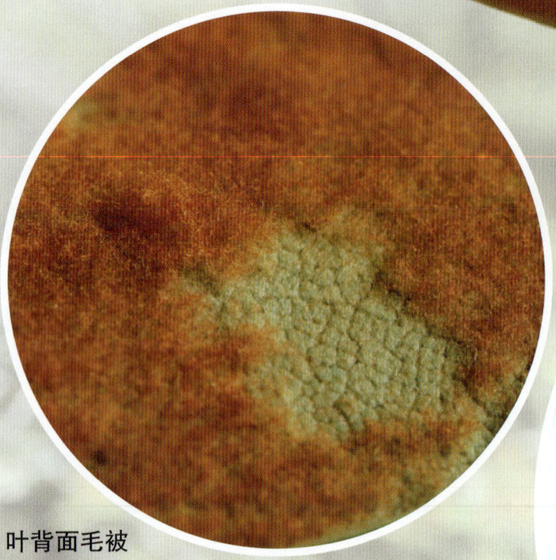

叶背面毛被

幼枝和花序轴

叶芽

花萼

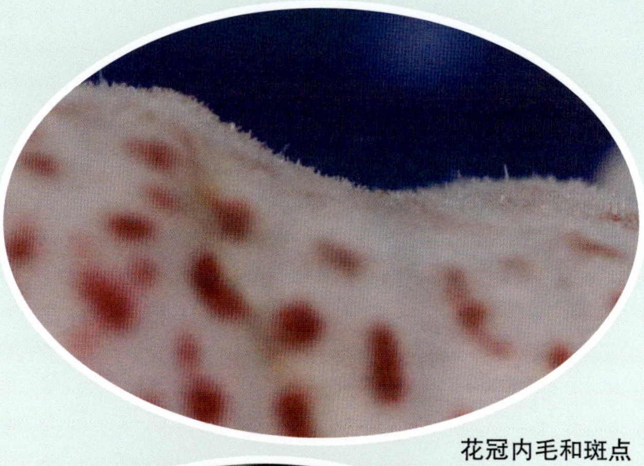
花冠内毛和斑点

雄蕊

子房

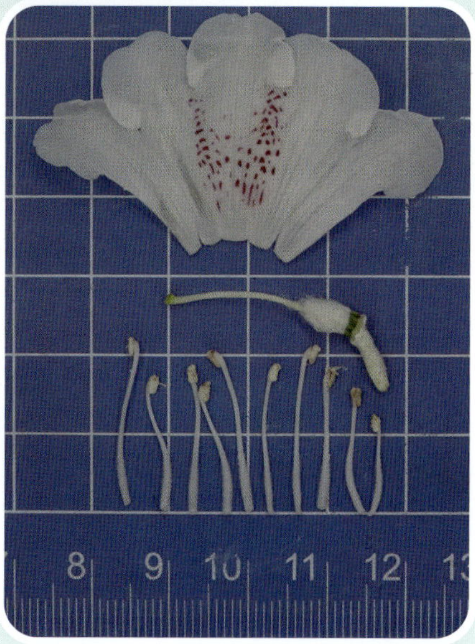

花部标尺照

长蕊杜鹃花亚属

subgen. Choniastrum（Franch.）Drude

常绿灌木或小乔木。植株各部无毛或多少被毛。叶片通常在枝顶聚集，近轮生。花序芽腋生，1~7花；花萼裂片大小变化，通常不发育，无毛或边缘具睫状腺毛；花冠通常有开展的裂片，5裂。雄蕊10，不等长，较花冠短或伸出。子房圆柱形，6室，无毛或具长毛。蒴果长圆柱形，长3~6厘米，有时长达8~10厘米，种子两端具长尾状膜质附属物。

本书本亚属包含1种杜鹃花。

长蕊杜鹃花

长蕊杜鹃花亚属 subgen. Choniastrum

***Rhododendron stamineum* Franch.**

植株：常绿灌木或小乔木，高2~7米。

叶：叶片长6~15厘米，宽2~4.5厘米；成熟叶两面无毛，背面淡绿色至带苍白色。

花：常多个伞形花序聚生枝顶叶腋，每个花序3~6花；花萼小，无毛；花冠白色，或稀带粉红色，长3~4厘米，裂片上方裂片内侧具黄色斑块和斑点，花冠管筒状，无毛；花丝下部被微柔毛或近于无毛，子房无毛；花期4~5月。

分布：产于安徽、浙江、江西、湖北、湖南、广东、广西、陕西、四川、贵州和云南，本次调查发现地为雅安市碧峰峡景区和芦山县。

叶背面

叶表面

幼枝和花序轴

叶柄

花萼

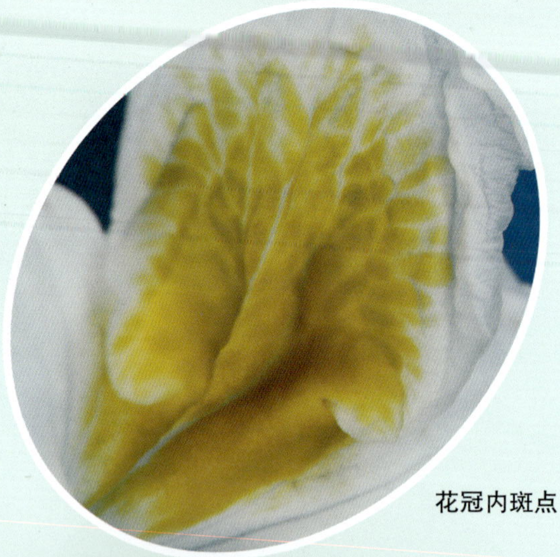

花冠内斑点

花丝基部毛

子房

花部标尺照